ILLUSTRATION

实用手绘书

珠宝首饰设计
手绘教程

维欧艺术教育

编著

电子工业出版社·

Publishing House of Electronics Industry

北京·BEIJING

图书在版编目（ＣＩＰ）数据

珠宝首饰设计手绘教程 / 维欧艺术教育编著 . —北京：电子工业出版社，2020.7

（实用手绘书）

ISBN 978-7-121-39105-7

Ⅰ . ①珠… Ⅱ . ①维… Ⅲ . ①宝石－设计－绘画技法－教材②首饰－设计－绘画技法－教材 Ⅳ . ① TS934.3

中国版本图书馆CIP数据核字(2020)第099835号

责任编辑：王薪茜

印　　刷：北京捷迅佳彩印刷有限公司

装　　订：北京捷迅佳彩印刷有限公司

出版发行：电子工业出版社

　　　　　北京市海淀区万寿路 173 信箱　　　　邮编：100036

开　　本：889×1194　1/16　　　印张：9　　　字数：230.4 千字

版　　次：2020 年 7 月第 1 版

印　　次：2025 年 2 月第 6 次印刷

定　　价：79.90 元

　　凡所购买电子工业出版社图书有缺损问题，请向购买书店调换。若书店售缺，请与本社发行部联系，联系及邮购电话：（010）88254888，88258888。

　　质量投诉请发邮件至 zlts@phei.com.cn，盗版侵权举报请发邮件至 dbqq@phei.com.cn。

　　本书咨询联系方式：（010）88254161 ~ 88254167 转 1897。

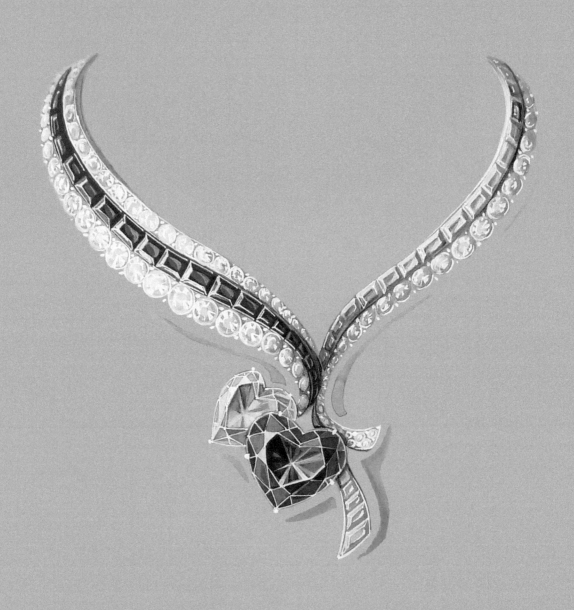

前 言 Preface

　　一幅优秀的珠宝手绘效果图会让人迫不及待地想要解读设计师的想法，也会因为他别出心裁的设计进而认为他是一个有意思的人。如果想让自己的设计变得"很有意思"，就应该学会一些"措施"。

　　在这本书里，你的学习不仅限于手绘工具的使用、宝石的工艺与切割画法、宝石效果图绘制、贵金属绘制、珠宝首饰设计绘制的技法等，你还将看到珠宝设计师们对于绘画的总结和解析。

　　创作这本书的宗旨，是帮助大家实现"即使不是专业人士，也能用绘画的方式将自己的设计理念和对时尚美学的理解展现出来"的愿望。不论是珠宝设计的爱好者，还是新潮珠宝设计的崇拜者；不论是刚接触珠宝设计的新人，还是经验老到的匠人，都希望你能在这本书中，获取到对你有所帮助的知识，并逐渐具备表现自己独特风格的能力。

　　但请别忘记，手绘仅仅是一种语言，用来描述你的设计创想，而描述的方法没有对错与高低之分。完全可以用特别的话语来描述它，这就是你自己的风格。

　　最后感谢为这本书付出大量时间与心血的维欧老师——杜运静、梁骁、尹玉，以及为这本书默默付出的朋友们，正是他们无私的分享，才促成了这本书的成型。

维欧艺术联盟创始人

目 录 Contents

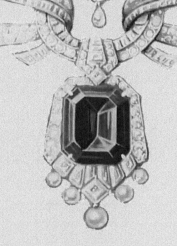

▶▶ Chapter
05
贵金属手绘效果图技法 /69

►► Chapter
06　珠宝首饰设计手绘效果图技法 /83

►► Chapter
07　珠宝设计手绘作品欣赏 /125

01

CHAPTER

珠宝设计手绘
基础

1.1.1 珠宝首饰

珠宝首饰是指用珠宝、玉石和贵金属的原料或半成品，制作而成的佩戴饰品、工艺装饰品和艺术收藏品。自人类文明起源开始，首饰便是装饰艺术中非常重要的一部分。由于珠宝精美的制作工艺以及天然宝石的珍贵，才使珠宝的价值经久不衰。同时，珠宝作为文化产物，为我们研究装饰艺术提供了最有力的参考。

珠宝首饰设计流程：

设计：根据宝石的大小、特点进行首饰设计，然后绘制珠宝设计草稿及效果图。

加工：采用金工起版、人工雕蜡或计算机建模，制作出金属部分的模型，然后对其进行打磨、抛光。

镶嵌：将宝石固定在金属托上，完成首饰制作。

由于不同宝石的原石所属晶体性质不同，其形状、光学性质也不同。因此，为了最大限度地体现宝石的美丽，在加工时需要精心设计合适的款式。

1.1.2 珠宝设计手绘

珠宝设计手绘是珠宝设计的基础，也是表现珠宝设计的方式之一。珠宝设计最初来源于设计师的构思，在概念设计阶段，手绘稿是设计师最重要的思维表达方式。设计师想要将设计构思制作成成品，就会先用绘画的方式将珠宝效果图绘制出来。当然，珠宝设计手绘不是唯一一种设计表现形式，我们还可以利用软件制图、雕蜡等方式来制作珠宝首饰的模型，但珠宝设计手绘这种最传统的表现形式仍然被设计师们喜爱。

随着行业的发展，珠宝手绘从单纯的表现技法向设计技能，甚至是商业推广方向进行延展，通常作为展现珠宝设计的一种表现形式，以及为后期工艺制作提供参考，以保证珠宝制造的准确度。因此，想要成为优秀的珠宝设计师，扎实的珠宝手绘表现技法是必不可少的。

1.2 珠宝设计手绘工具

在珠宝设计手绘中，对工具的要求是非常严格的。配备一套合适的工具很重要，对于珠宝设计初学者来说，往往在学习初期不知道应该购买什么工具，走了很多弯路。在这里我们汇总了珠宝设计常用的工具，以供大家参考。

1.2.1 铅笔

铅笔是常用绘画工具之一，传统的石墨笔芯在软硬程度上有不同等级的区分：H 级（H ~ 6H）、HB 级、B 级（B ~ 8B）。H 级较硬，B 级较软。笔芯越软，相对来说越容易上色。珠宝设计要求绘图比较细致，通常选用 0.3mm 和 0.5mm 的自动铅笔。

0.3mm 自动铅笔【必备】

0.3mm 的自动铅笔可以用来绘制珠宝设计效果图，其笔芯很细，所以绘制珠宝的细节非常方便，是珠宝设计手绘常用的工具之一。

0.5mm 自动铅笔

由于珠宝有些细节非常精细、繁杂，所以，推荐大家可以使用 0.5mm 的自动铅笔来绘制日常草图。

素描铅笔

有些设计师喜欢用素描铅笔绘制草图，或者绘制光影效果。这个可以根据个人喜好、习惯购买使用，一般准备一支 2B 铅笔就可以了。

1.2.2
橡皮

绘图橡皮

珠宝绘图对橡皮的精细度要求也非常高，建议选择细头的橡皮笔，来擦除细小的铅笔线条。同时配合使用普通橡皮，擦除画面中多余的线稿，清洁画面。

可塑橡皮

可塑橡皮很软，像橡皮泥一样可以捏成任何形状，用来整理画面中的细节，擦去纸面浮铅，方便上色。

1.2.3
彩铅

彩铅分为油性彩铅和水溶性彩铅，在珠宝设计手绘中常使用水溶性彩铅。水溶性彩铅能溶于水，在绘画过程中可以用水彩笔蘸取清水晕染画面。

彩铅不仅可以对珠宝细节进行针对性刻画，还可以配合水彩、水粉、马克笔一起使用。

1.2.4
马克笔

马克笔是书写、绘画专用的绘图彩色笔。马克笔分为水性墨水和油性墨水。水性墨水不含油精成分，油性墨水因为含有油精成分，比较容易挥发。在绘制珠宝设计效果图时，通常会选择油性马克笔，因为油性马克笔具有快干、耐水、耐光性好的特点。

1.2.5
珠宝专用绘图模板

珠宝专用绘图模板是珠宝设计手绘必备工具之一，其中有珠宝绘制常用的形状，包括圆形、马眼、心形等。使用绘图模板可以快速、准确地画出各种宝石、手镯及项链等。

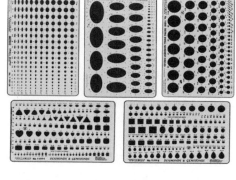

1.2.6
圆规

圆规是用来绘制圆弧的工具，在珠宝设计手绘中也经常用到。例如，绘制项链、手镯等首饰。

1.2.7
针管笔

针管笔能绘制出均匀、细致的线条。针管笔有不同粗细，其管径的大小，决定所绘线条的宽窄，其管径有 0.1 ~ 2.0mm 不同规格。

针管笔墨水有白色、黑色、红色、蓝色等，在珠宝设计手绘中，常用白色绘制宝石切割面、高光、结构线等精细部位。在珠宝设计效果图绘制中应备有不同粗细的针管笔，然后根据不同的绘制需求进行选择。

1.2.8
水彩笔

水彩笔的笔头材质、形状不同，其绘制出来的效果、质感也会存在一定的区别。常见的笔头材质有动物毛、人造毛及尼龙毛。笔头形状有圆头、尖头和扇形头。

在珠宝设计手绘中，推荐使用圆头和尖头的水彩笔，笔头材质选用貂毛为佳。貂毛材质的水彩笔具有柔软度好、弹性强、吸水性好的特点。在绘制时一般选择较细的型号如 3#、4#，相邻型号的水彩笔即可。

1.2.9
水彩与水粉颜料

在珠宝设计手绘中，可选择水彩或水粉颜料进行绘制。

水彩颜料

水彩颜料主要有固体水彩和管状水彩两种。水彩颜料质地轻薄，其透明度较高，颜色也非常艳丽，但其覆盖力相对较弱。在叠色时，底色会透出来，可用于表现色彩层叠关系。另外，水彩颜料可以搭配水粉颜料一起使用。常用品牌有樱花、史明克等，设计师可以根据自己的喜好进行选择。

水粉颜料

水粉颜料是不透明的膏状，由粉质的材料组成，用胶固定。水粉颜料质地相对偏厚，覆盖性比较强，绘制时可以反复修改。

1.2.10
硫酸纸

硫酸纸是一种十分便捷的绘图工具。其纸质呈半透明状，可以用于临摹及复拓。

硫酸纸有不同克重，其克重越大，纸张越厚；克重越小，纸张越薄，透明度也就越好。

硫酸纸具体的使用方法：绘制时将硫酸纸用纸胶带固定在需要拷贝的图案上，用铅笔描摹出来，拓印在卡纸上。

1.2.11
绘图纸

在珠宝设计手绘中，可使用的纸张品种较多，通常会选择灰色、黑色以及牛皮色的有色卡纸进行绘制。

由于水粉画、水彩画的水分较多，所以选择克重较大的卡纸为宜，建议选取 $120g/m^2$ 以上的有色卡纸，注意选择卡纸的光滑面进行绘制。

02

CHAPTER

绘画基础知识

2.1 透视的基本原理与类别

透视是指在平面或曲面上描绘物体的空间关系，包括：一点透视、两点透视和三点透视。

近大远小是透视的基本原理，近处的物体看起来大，远处的物体看起来小。沿着近大远小的透视轨迹，在视野中就形成了一个立体空间，当视线延伸到最远处到达消失位置，在视觉概念上就变成一个点。这些从近到远的透视轨迹叫作"透视线"。

2.1.1 一点透视

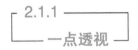

在绘画中最常用到的就是一点透视，因为一点透视只有一个消失点，所以也称为平行透视。观者在物体正面，且物体的正面始终与观者和画面保持平行，其他几个面分别向一点（视平线上的消失点）消失，其所形成的透视关系，被称为一点透视。

如果画面上的物体呈现出近大远小的立体效果，并且物体的透视线在远处汇聚在一个消失点上，那么画面上的物体就符合一点透视的规律。在一点透视中，随着观者的站位不同，与视平线的高低位置不同，物体所呈现的角度也会不同。

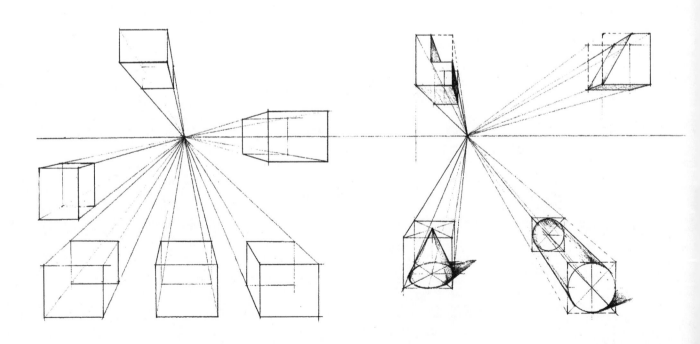

2.1.2
两点透视

物体有一组垂直线与画面平行，其他两组线均与画面成一定角度，且每组有一个消失点，共有两个消失点，被称为两点透视，也称为角透视。

如果画面上的物体呈现出近大远小的立体效果，物体的透视线在平面上聚焦在两个点上，那么画面上的物体就符合两点透视的规律。在两点透视中，随着观者的站位不同，与视平线的高低位置不同，物体呈现的角度也会有所不同。但物体各边始终与画面保持平行，且垂直于视平线。

两点透视的画面效果比较自由、活泼，能比较真实地体现出空间效果，表现出体积感，在珠宝设计手绘中较为常用。

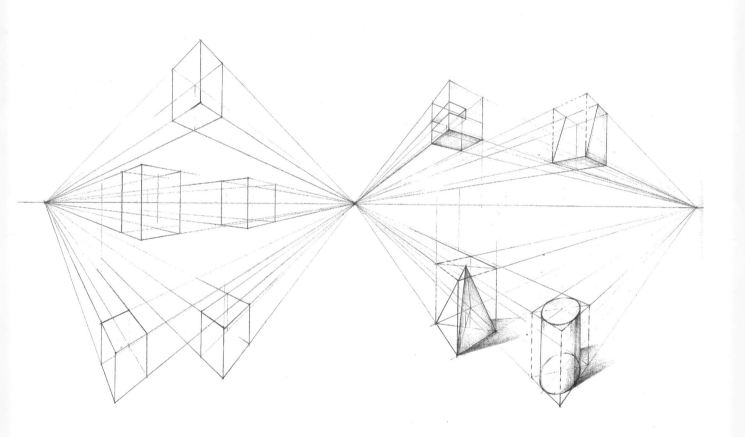

三点透视有三个消失点，其高度线不完全垂直于画面，也称为斜角透视，是视觉冲击力最强的一种透视。在三点透视中，随着观者的站位不同，与视平线的高低位置不同，物体呈现的角度也会有所不同。

如果画面上的物体呈现出近大远小的立体效果，并且物体的透视线在平面上聚焦在三个消失点上，那么画面上的物体就符合三点透视的规律。

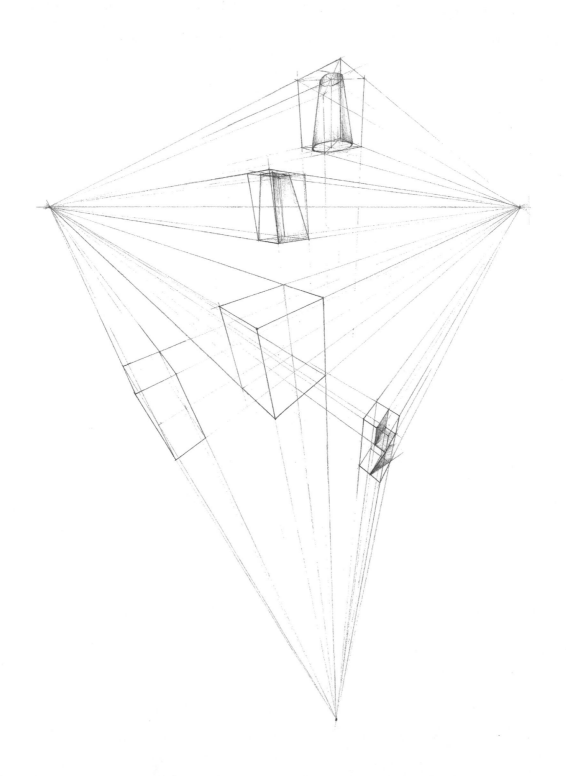

2.2　素描关系分析

2.2.1 明暗关系

素描中的五大要素是：亮部（含高光）、灰部、明暗交界线、暗部（含反光）、投影。素描关系，简单来说就是物体的明暗关系。当物体受光源照射时，包括受光部分与背光部分，从而使物体形成明和暗的关系，就是素描关系。

物体表面越圆滑，明暗过渡就越自然；反之，物体表面起伏越大，明暗对比就越强。

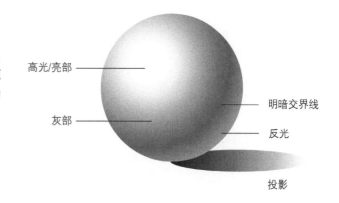

高光/亮部
明暗交界线
灰部
反光
投影

2.2.2 宝石的明暗绘制

宝石上色的第一步，就是要确定宝石的明暗关系。当宝石受到光源照射时，大部分光线照射到宝石的表面，从而区分开亮部与暗部。而一小部分光线透过宝石表面，并穿透过宝石被折射回来。

因此，当我们从上而下去观察宝石的明暗关系时，其效果如右图所示。

从材质来区分素面宝石，大致可分为可透光宝石与不可透光宝石两类。根据两种不同材质的特点，不可透光宝石的光影变化与可透光宝石的光影变化，如右图所示。

同理，对于带有纹理的素面宝石，可遵循素面宝石的上色方法进行绘制，最后在宝石上添加纹理即可。

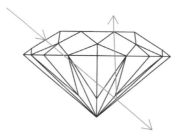

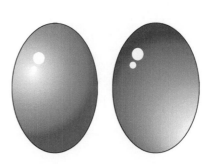

2.3 色彩原理与运用

2.3.1 色彩的基本分类

色彩是最具吸引力和感染力的画面要素，能引起人们共同的审美愉悦。对于珠宝而言，鲜艳、绚丽的色彩更是其独特魅力所在。

颜色可分成无彩色系和有彩色系。有彩色系的颜色具有三个基本属性：色相、纯度（也称饱和度）、明度。而饱和度为 0 的颜色，称为无彩色系。

不同明度和纯度的红、橙、黄、绿、青、蓝、紫色调都属于有彩色系。而无彩色系是指白色、黑色，以及由白色与黑色调和形成的深浅不同的灰色。无彩色系的颜色，其基本性质只有一种，就是明度。

2.3.2 色彩的三原色

三原色即色彩中不可调配的颜色，红、黄、蓝为三原色。间色是指三原色中每两种原色相互调和而产生的"二次色"，例如红加黄为橙色，黄加蓝为绿色，蓝加红为紫色。所以，橙、绿、紫被称为三间色。原色与间色的颜色纯度越高，色彩对比就越鲜明，画面视觉冲击力就越强。

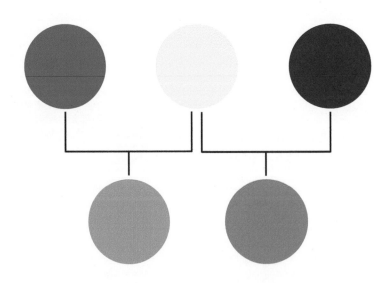

2.3.3
色彩的三大要素

色彩的三大要素是：色相、纯度、明度。

色相是色彩的首要特征，是区别各种不同色彩的最准确的标准。除黑、白、灰以外的颜色都具有色相的属性，而色相也是由原色、间色和复色构成的。

纯度是指原色在色彩中所占据的百分比，用来表现色彩的浓淡和深浅。纯度最高的色彩就是原色，随着纯度的降低，色彩就会变淡。纯度降到最低便失去色相，变为无彩色。

明度是指色彩的明亮度和暗度，不同颜色会有明暗的差异，相同颜色也有深浅的变化。比如，深黄、中黄、淡黄、柠檬黄等黄色系，其色彩在明度上不尽相同。又比如，在绘画过程中，为了增加或降低这个颜色的明度，我们会在基础色中添加白色或深色。白色添加的量越多，色彩明度越高；深色添加的量越多，颜色明度就越低。

2.3.4
色彩的冷暖色

色彩本身并无冷暖之分，所谓的色彩冷暖是源自人们对生活的感受，是指色彩在心理上的冷热感受。通常将色彩分为暖色调（红、橙、黄、棕）、冷色调（绿、青、蓝、紫）和中性色调（黑、灰、白）。

在绘画与设计中，暖色调给人热情、温暖、柔和之感，冷色调给人干净、凉爽、通透之感。然而，色彩的冷暖关系是相对的，即使同一种颜色也有相对应的冷暖倾向。

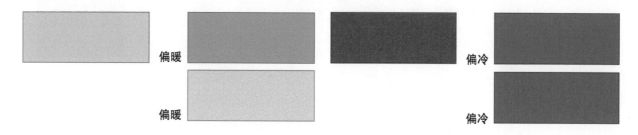

2.3.5
水彩颜料的色彩介绍

水彩颜料色彩非常丰富，品牌也非常繁多。在绘画中，24 色基本就可以调和出大部分常用色彩。本书中的案例绘制主要使用史明克固体水彩。由于不同品牌的颜料，其颜色名称也会不一样，可以记一下 24 色的常用名称，这样就不会因为更换颜料品牌，而受到影响。在绘制时，找到和物体相应的固有色进行调和即可。当然，我们也非常鼓励大家，在绘画时融入自己对色彩的感受，通过不断地尝试和练习，调和出最完美的色彩。

以史明克固体水彩颜料为例，将 24 色的颜料名称备注成色彩常用名称，以方便大家的学习和后期讲解。

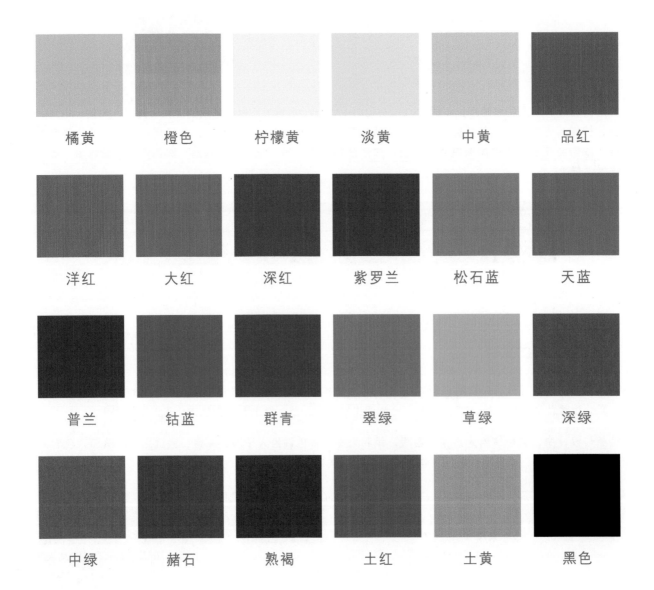

橘黄	橙色	柠檬黄	淡黄	中黄	品红
洋红	大红	深红	紫罗兰	松石蓝	天蓝
普兰	钴蓝	群青	翠绿	草绿	深绿
中绿	赭石	熟褐	土红	土黄	黑色

03

CHAPTER

宝石的切割与
镶嵌工艺

3.1 宝石切割工艺

宝石是指那种经过琢磨和抛光后，可以达到珠宝制作要求的石料或矿物。宝石可分为钻石、彩色宝石、玉石和有机宝石。它们颜色鲜艳、质地晶莹、坚硬耐久，可以制作成首饰。

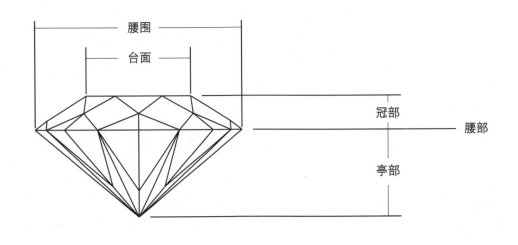

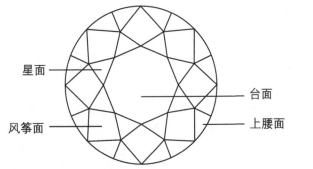

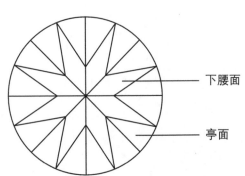

在珠宝设计手绘中，我们需要了解宝石切割结构及不同部位的专有名词，这样有助于我们更好地学习和理解宝石。

上图中，我们可以看到宝石的结构示意图，宝石的顶面为台面，最宽处为腰围。以腰围分界，可分为冠部和亭部。在宝石冠部中，最大的切面是台面，其侧面有星面、风筝面和上腰面来辅助光线折射。亭部可分为亭面与下腰面，也可以辅助光线折射。在宝石不同角度切面的相互作用下，使宝石光线折射达到完美的状态。

3.2 宝石切割工艺画法

3.2.1 圆形宝石

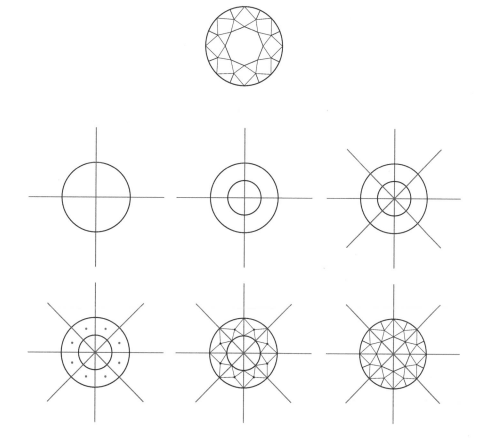

步骤 1 绘制十字形辅助线,然后用圆形珠宝套尺在中间画出圆形。使圆形周围的点位对应到十字形辅助线上,确定宝石的位置及腰围大小。

步骤 2 用套尺绘制宝石台面,通常会选择比腰围小一半的直径来绘制台面。

步骤 3 绘制参考线,然后根据圆形宝石的切割规律,将宝石等分成 8 份。

步骤 4 确定宝石参考线之间的中点。

步骤 5 连接各参考点,画出宝石切割面的形状。

步骤 6 擦除台面的辅助图形,连接结构线,同时绘制宝石腰面上的线条。

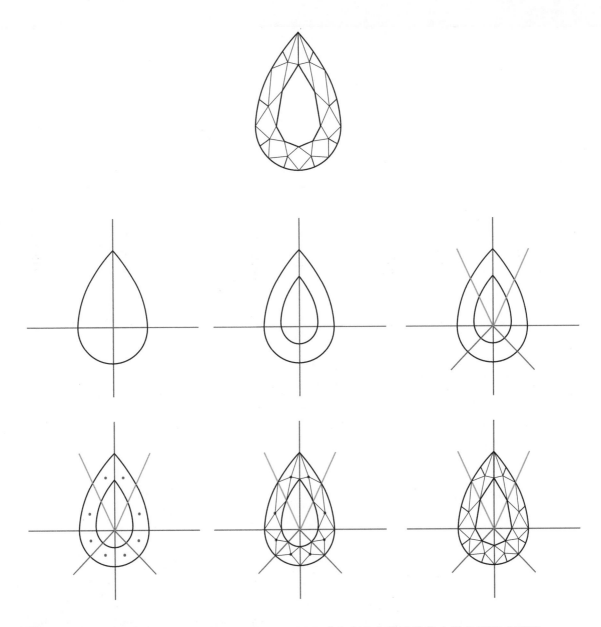

步骤 1 绘制十字形辅助线，由于梨形的重心偏下，所以用珠宝套尺在辅助线偏上的位置画出梨形。

步骤 2 用套尺绘制宝石台面，通常会选择比腰围小一半的直径来绘制台面。尽量使台面边缘上各点到腰围的距离相等。

步骤 3 绘制参考线，然后根据宝石切割规律，将宝石分成 8 份。由于梨形属于不对称形状，需将梨形分为上下两部分。宝石上半部分选取点的位置可适当偏上，这样画出的切面形状会更加好看。

步骤 4 确定宝石参考线之间的中点。

步骤 5 连接各参考点，画出宝石切割面的形状。

步骤 6 擦除台面的辅助图形，连接结构线，同时绘制宝石腰面上的线条。

3.2.3
马眼形宝石

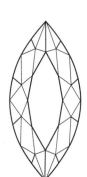

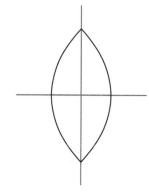

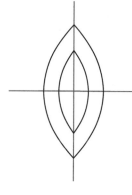

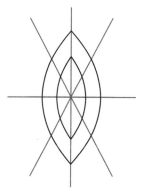

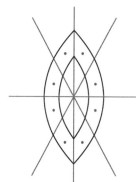

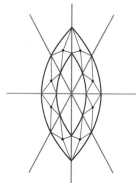

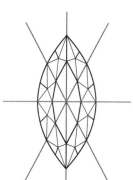

步骤❶ 绘制十字形辅助线，用圆规在横轴上选取等距圆心，画出马眼形。

步骤❷ 保持圆心不变，调整圆规半径绘制宝石台面，通常会选择比腰围小一半的直径来绘制台面。

步骤❸ 在马眼形中间绘制米字形辅助线，然后根据宝石切割规律，将宝石分成 8 份。

步骤❹ 根据已建好的参考线，确定参考线之间的中点。

步骤❺ 连接各参考点，画出宝石切割面的形状。

步骤❻ 擦除台面的辅助图形，连接结构线，同时绘制宝石腰面上的线条。

步骤 1 绘制十字形辅助线，用综合形状珠宝套尺画出心形，确定宝石的位置及腰围大小。

步骤 2 用套尺绘制宝石台面，通常会选择比腰围小一半的直径来绘制台面。

步骤 3 在心形中间绘制米字形辅助线，然后根据宝石切割规律，将宝石分成 8 份。选取点位置可选在爱心双峰的顶端位置附近，这样画出的切面形状会更加好看。

步骤 4 根据已建好的参考线，进一步确定参考线之间的中点。

步骤 5 连接各参考点，画出宝石切割面的形状。

步骤 6 擦除台面的辅助图形，连接结构线，同时绘制宝石腰面上的线条。

3.2.5
祖母绿宝石

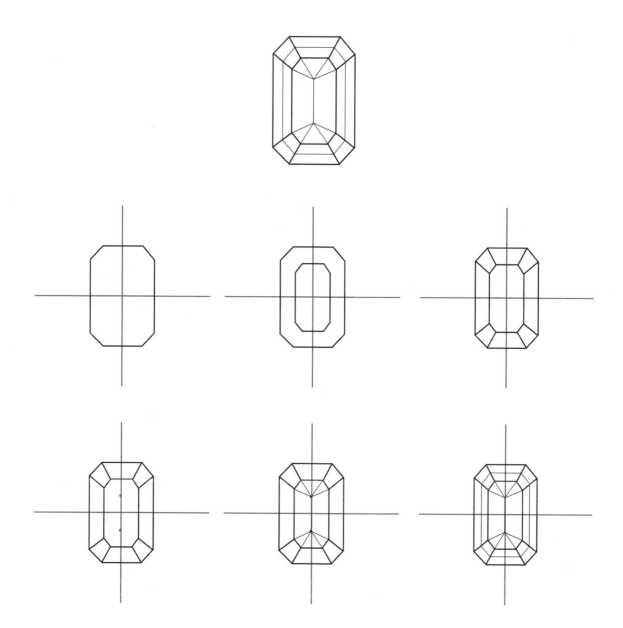

步骤① 绘制十字形辅助线，用综合形状珠宝套尺画出宝石外形，确定宝石的位置及腰围大小。

步骤② 用套尺绘制宝石台面，通常会选择比腰围小一半的直径来绘制台面。注意尽量使台面边缘上的点到宝石腰围的距离相等。

步骤③ 根据祖母绿切割规律，连接祖母绿外轮廓的四角切面。

步骤④ 根据祖母绿的宝石结构，确定宝石台面内亭部的参考点。

步骤⑤ 将参考点与四角切面的顶点用直线连接，画出亭部切割面的形状。

步骤⑥ 补齐外侧切面线段。

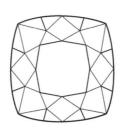

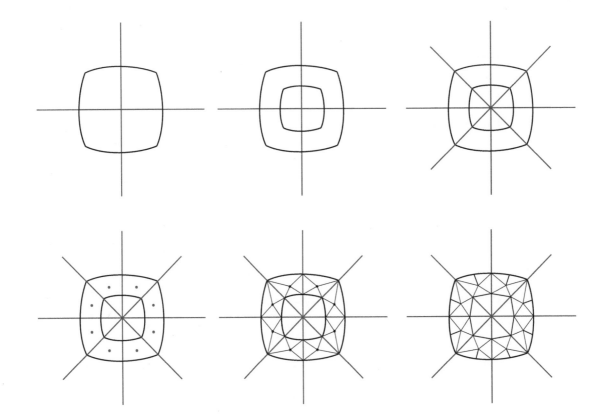

步骤①绘制十字形辅助线，然后用珠宝套尺画出圆方形，确定宝石的位置及腰围大小。

步骤②绘制宝石台面，通常会选择比腰围小一半的直径进行绘制。

步骤③在圆方形中间绘制米字形辅助线，然后根据宝石切割规律，将宝石平分成8份。

步骤④根据已建好的参考线，进一步确定参考线之间的中点。

步骤⑤连接参考点，画出宝石切割面的形状。

步骤⑥擦除台面的辅助图形，连接结构线，同时绘制宝石腰面上的线条。

3.2.7
三角形宝石

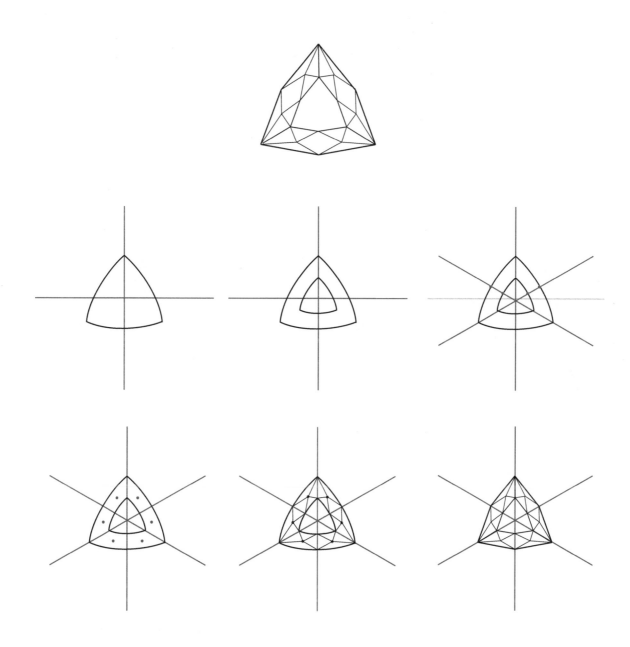

步骤❶ 绘制十字形辅助线，然后用珠宝套尺画出三角形，确定宝石的位置及腰围大小。

步骤❷ 绘制宝石台面，通常会选择比腰围小一半的直径进行绘制。

步骤❸ 根据三角形宝石的切割规律，选取三边中点将宝石分成 6 份，然后在宝石中间画出米字形辅助线。

步骤❹ 根据已建好的参考线，进一步确定参考线之间的中点。

步骤❺ 连接参考点，画出宝石切割面的形状。

步骤❻ 擦除台面的辅助图形，连接结构线，同时绘制宝石腰面上的线条。

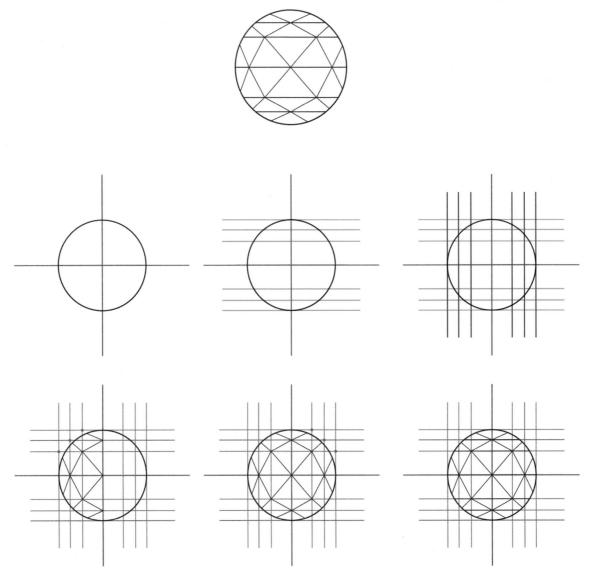

步骤①绘制十字形辅助线，然后用圆形珠宝套尺在中间画出圆形。使圆形周围的点位对应到十字形辅助线上，确定宝石的位置及腰围大小。

步骤②由十字形辅助线将圆形宝石一分为二，然后在宝石上、下半圆轴线上的1/2点、1/4点及外交点上添加横向参考线。

步骤③在宝石上选取同样的点位，添加纵向参考线。

步骤④以小方格为单元，按照由上向下的纵列顺序连接切割线。

步骤⑤使用同样的绘制方法，画出宝石右侧的切割线。

步骤⑥保留横向切割线，调整画面完成绘制。

3.2.9
椭圆形宝石

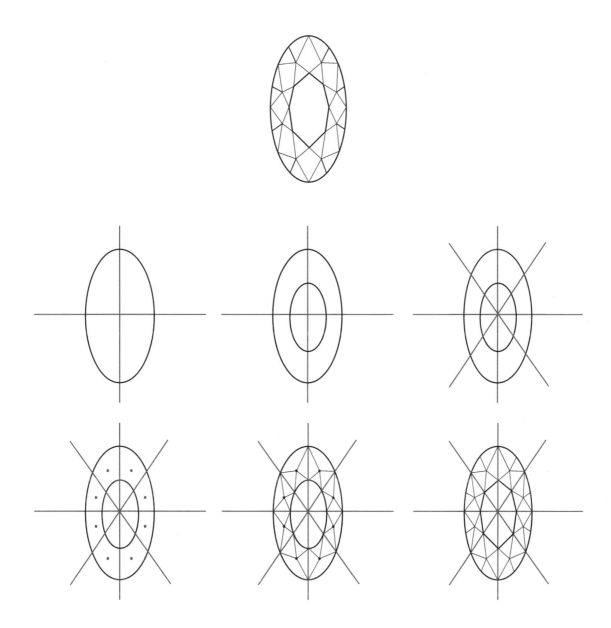

步骤❶ 绘制十字形辅助线，使用椭圆形珠宝套尺画出椭圆形，确定宝石的位置及腰围大小。

步骤❷ 绘制宝石台面，通常会选择比腰围小一半的直径进行绘制。

步骤❸ 在椭圆形中间绘制米字形辅助线，然后根据宝石切割规律，将宝石分成8份。

步骤❹ 根据已建好的参考线，进一步确定参考线之间的中点。

步骤❺ 连接参考点，画出宝石切割面的形状。

步骤❻ 擦除台面的辅助图形，连接结构线，同时绘制宝石腰面上的线条。

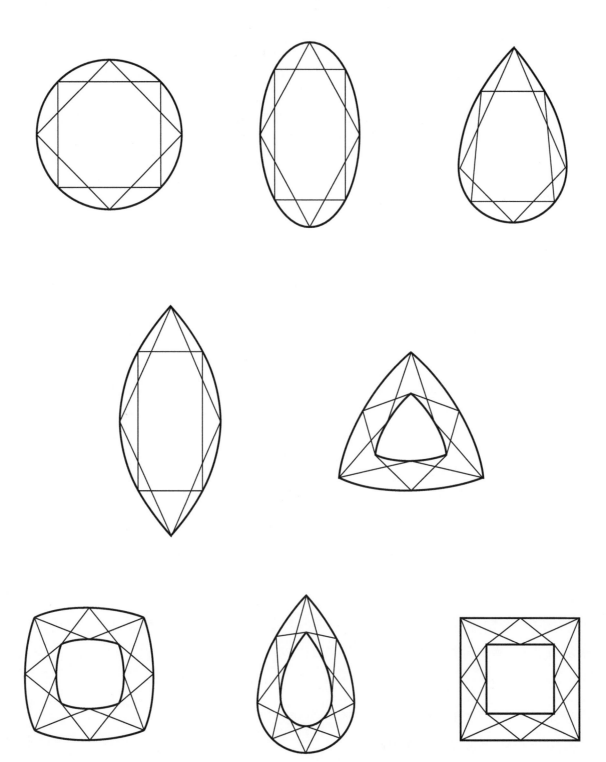

3.3 宝石镶嵌工艺

宝石镶嵌是指将宝石与金属材料相连接的方法，是珠宝首饰生产中的重要工序。宝石和金属的连接能够呈现出宝石的璀璨和美感，同时金属能将宝石固定住。常见的首饰镶嵌工艺有：爪镶、包镶、钉镶、插镶、轨道镶、隐秘镶等。

3.3.1 爪镶

爪镶是用金属爪扣住钻石，是一种常见的珠宝镶嵌工艺。爪镶能够最大限度地突出宝石的光学效果，对宝石的遮盖最少，能将宝石最原本的色彩和魅力展现出来。

爪镶的款式变化和适用性也最为广泛，常应用在钻石、琢型彩宝及少量蛋面宝石中。爪镶工艺根据其爪数的分类可分为二爪、三爪、四爪和六爪等。设计师可根据宝石的大小来选择爪数，以保持宝石的稳定性。

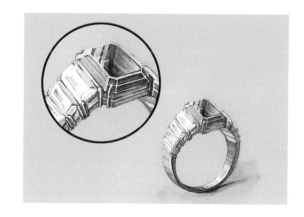

3.3.2 包镶

包镶也称包边镶，是用金属边将宝石四周围住的一种镶嵌方法。包镶是最为稳固且较为常用的镶嵌方法。

包镶是用金属边把钻石腰部以下固定在金属托内，露出钻石的台面及冠部，防止钻石脱落，展现出钻石的光彩。包镶的缺点是会遮挡住一部分光线和宝石的形态，因此多用于镶嵌较大的蛋面宝石或遮挡有瑕疵的宝石。

3.3.3 钉镶

钉镶，全称起钉镶，多用于镶嵌微小密集的碎钻。细小的碎钻整齐排列，布满一列或一个平面，碎钻之间紧凑相邻，用细小的钉式小爪将其固定。

钉镶的样式有很多，除了我们常说的排镶、满镶，还有日式马眼镶嵌、五光镶、方形镶嵌、虎口镶等，均由钉镶演变而来。

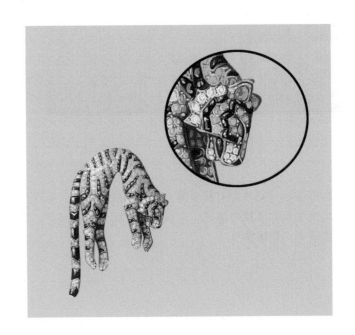

3.3.4 插镶

插镶广泛用于珍珠镶嵌，受珍珠本身的特点和大众审美的影响，珍珠镶嵌的方式越来越趋向于将一整颗珍珠全部展现出来。

镶嵌珍珠时，通常会在珍珠上穿一个半孔，然后将其镶嵌在一个中间立有金属棍的半圆弧形的金属托上。插镶中的金属与珍珠的接触面积很小，能极大限度地展现珍珠的形态和光泽。

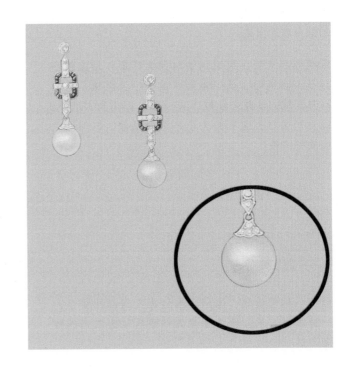

3.3.5
轨道镶

轨道镶又称壁镶，是将金属做成类似轨道的形状，然后利用金属卡槽，卡住宝石腰部两边的镶嵌方法。

轨道镶嵌使宝石与宝石之间紧紧相邻，是一种较难操作的镶嵌技法。通常用于镶嵌同等大小的钻石，也可以利用方钻、长方钻、梯方钻和圆钻进行群镶设计。同时也可以镶嵌大小呈递进关系的同类型切割宝石，但需注意宝石大小差距不宜过大。

3.3.6
隐秘镶

隐秘镶是一种难度极高的镶嵌方式，从饰品的正面看，完全看不到任何金属的支撑和底座，其镶座与宝石都要经过细心雕刻。

使用隐秘镶的宝石，其长宽比例、厚度、颜色必须一致或接近。同时需要对宝石进行一项特殊的打磨，业内称之为车坑。即在宝石的腰边下方磨一道细小的凹槽，要求凹槽的高低、深度一致。车坑的优劣直接影响产品的美观和质量。

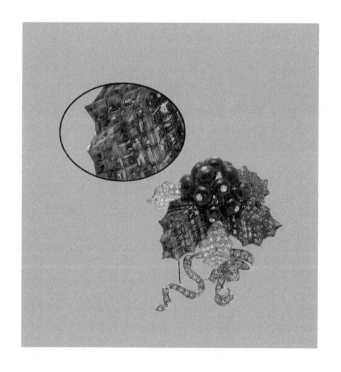

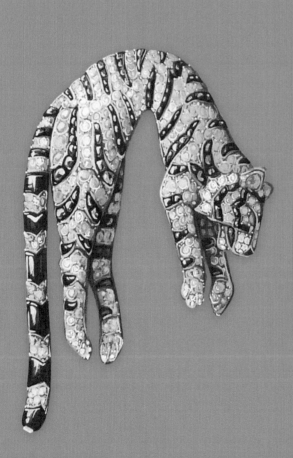

04

CHAPTER

宝石手绘效果图
技法详解

4.1 刻面宝石效果图绘制技法

4.1.1
圆形海蓝宝石

海蓝宝石：海蓝宝石是一种含铍、铝的硅酸盐，属于性质稳定、韧性较好的宝石。海蓝宝石的颜色为天蓝色至海蓝色或带绿的蓝色。其颜色越深、净度越高，单克拉价值越高。

上色工具：水彩

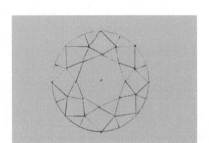

步骤①

用自动铅笔画出海蓝宝石的切割琢型，擦净多余线条，保持画面整洁。

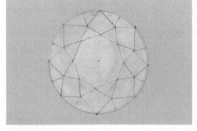

步骤②

使用清水调和白色、天蓝，平铺宝石的底色。

步骤③

根据宝石的光影规律，在内圆形中绘制射线用白色加天蓝绘制亮部，继续加入天蓝绘制暗部，体现出明暗关系即可。

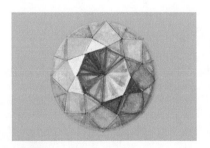

步骤④

画出受光面与背光面。在底色的基础上，绘制一些细小的笔触。注意色彩变化，使宝石内部颜色更加逼真。

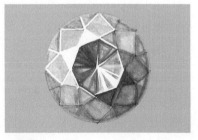

步骤⑤

用白色在内圆形右下角绘制反光，然后绘制左上角的三角形区域。从受光面开始，用勾线笔蘸取白色，勾勒宝石的结构线，增强宝石的立体感，注意勾线的力度。

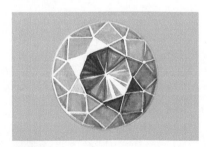

步骤⑥

完整地勾勒出宝石的结构线，注意深浅有序。画出宝石内圆形的高光，调整画面，完成绘制。

4.1.2 ── 椭圆红宝石 ──

红宝石：红宝石质地坚硬，透明度为透明至半透明。因红宝石的成分中含铬，所以其颜色呈红到粉红色。

上色工具：水彩

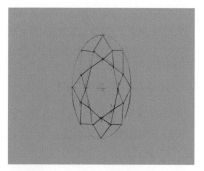

步骤① 1

用自动铅笔和宝石模板画出宝石切割琢型，擦净多余线条，保持画面整洁。

步骤② 2

使用少量清水调和大红，均匀地平铺宝石的底色，注意不要覆盖红宝石的结构线。

步骤③ 3

在底色的基础上添加颜色变化，用白色调和大红绘制亮部，暗部用大红加少量深红进行绘制，体现出明暗关系。

步骤④ 4

调和出深浅不同的红色，在内椭圆形中绘制射线。画出受光面与背光面，用白色调和少量大红色绘制反光。在宝石底色的基础上，绘制一些细小的笔触，塑造宝石质感。

步骤⑤ 5

从受光面开始，用白色勾勒宝石的结构线。用白色绘制左上角的三角形区域，增强宝石的立体感，注意勾线的力度。

步骤⑥ 6

完整勾勒出宝石的结构线，注意深浅有序，然后画出宝石内椭圆形的高光。调整画面，完成绘制。

4.1.3 — 矩形祖母绿

祖母绿：祖母绿被称为绿宝石之王，其呈现出晶莹艳美的绿色，散发着柔和而浓艳的光芒。祖母绿颜色十分诱人，绿中带点黄，又似乎带点蓝。

上色工具：水彩

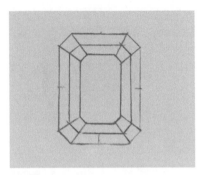

步骤 1

用自动铅笔和模板画出祖母绿宝石的切割琢型，擦净多余线条，保持画面整洁。

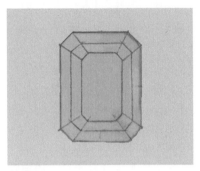

步骤 2

用清水调和白色、翠绿，均匀地平涂宝石的基础色，注意不要覆盖宝石结构。

步骤 3

根据宝石的光影规律，用白色调和翠绿绘制亮部，以及内矩形右下角的亮部区域，暗部用翠绿加深绿进行绘制。

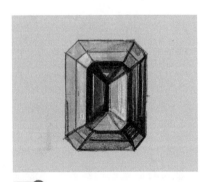

步骤 4

用微湿的笔进行晕染，融合周围的颜色。在底色的基础上，绘制一些细小的笔触，注意色彩变化，使得宝石内部的颜色更加逼真。

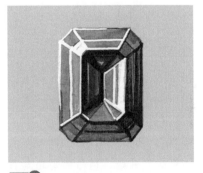

步骤 5

从受光面开始，用白色勾勒宝石的结构线，以及绘制宝石左上角刻面区域和内矩形的高光，增强宝石的立体感。

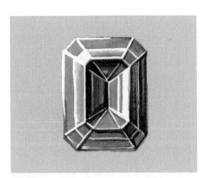

步骤 6

完整地勾勒出宝石的结构线，注意深浅有序。用白色调和绿色，绘制宝石刻面。用微湿的笔适当晕染外环刻面，使色彩过渡自然。调整画面，完成绘制。

4.1.4
马眼形钻石

钻石：钻石是一种碳元素矿物，其颜色非常丰富，从无色到黑色都有，以无色的钻石为佳。宝石可以是透明的，也可以呈半透明或不透明状。其多样的晶面，能通过折射、反射和全反射进入晶体内部的白光，分解成白光的组成颜色——红、橙、黄、绿、蓝、靛、紫等色光。

上色工具：水彩

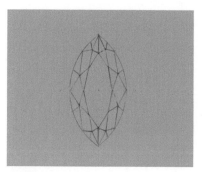

步骤 1

用自动铅笔画出马眼形钻石的切割琢型，注意保持画面整洁。

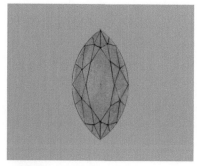

步骤 2

用适量的清水调和白色与黑色，平铺宝石的底色，注意不要覆盖宝石结构。

步骤 3

根据宝石的光影规律，在底色的基础上添加颜色变化，注意区分宝石的明暗面。用微湿的笔晕染宝石的颜色，使色彩过渡自然。

步骤 4

调和白色与少量黑色，在内马眼形中绘制射线，并在左上方的三角形区域绘制亮部。在宝石底色的基础上，绘制一些细小的笔触，塑造宝石质感。

步骤 5

从受光面开始，用白色勾勒宝石的结构线，并调整整体色调。用白色绘制刻面左上角区域，增强宝石的立体感。

步骤 6

完整地勾勒出宝石的结构线，注意深浅有序。调和出浅灰色，提亮宝石刻面及内马眼形中的射线。用微湿的笔晕染宝石刻面，使色彩过渡自然，体现出宝石的光泽感。调整画面，完成绘制。

枕垫形黄色钻石

黄钻：黄色钻石简称黄钻，又称金钻，是指钻石中颜色纯正、色调鲜明的黄色或金黄色的彩钻。黄色钻石色泽鲜明，除黄色、金黄色外，常见的还有琥珀色的彩钻。

上色工具：水彩

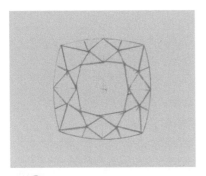

步骤 1

用自动铅笔画出宝石的切割琢型，擦除多余线条，保持画面整洁。

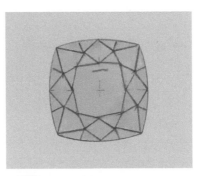

步骤 2

用适量清水调和柠檬黄和橘黄，绘制宝石的底色，注意不要覆盖宝石结构。

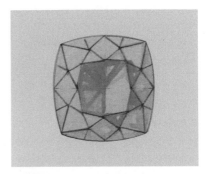

步骤 3

根据宝石的光影规律，区分出宝石的明暗面。在内枕形中画出射线。此时可以不用过于在意细节，区分出宝石的明暗关系即可。

步骤 4

画出受光面与背光面，然后调和出深浅不同的黄色，在内枕形中继续刻画射线。在宝石底色的基础上，调和同色系色彩，绘制一些细小的笔触，注意色彩变化。

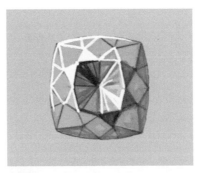

步骤 5

从受光面开始，用白色勾勒宝石的结构线，注意勾线的力度。在刻面左上角的三角形区域，填涂白色。在内枕形右下角亮部区域，画出白色反光。

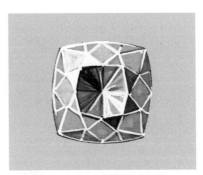

步骤 6

完整地勾勒出宝石的结构线，注意深浅有序。用土黄加少量赭石和熟褐，绘制暗部，塑造出宝石的立体感。最后点出高光，完成绘制。

4.1.6
—— 爱心尖晶石

尖晶石：尖晶石是指有尖角的结晶体，由镁和铝的氧化物组成，呈透明至半透明状。尖晶石的颜色多种多样，有红色、橙红色、粉红色、紫红色、无色、蓝色、绿色等。

上色工具：水彩

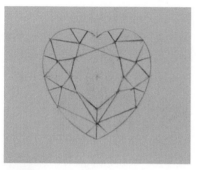

步骤 1

用自动铅笔和模板画出宝石的切割琢型，擦除多余线条，保持画面整洁。

步骤 2

用白色调和洋红，均匀地平涂宝石的底色，注意不要覆盖宝石结构。

步骤 3

根据宝石的光影规律，在底色的基础上进一步添加色彩变化。此时可以不用过于在意细节，区分出明暗关系即可。

步骤 4

调和出深浅不同的粉色，绘制刻面颜色及内心形中的射线。用微湿的笔，晕染宝石刻面的颜色，使其过渡自然。

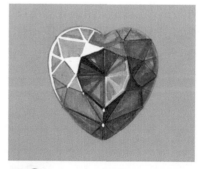

步骤 5

从受光面开始，用白色勾勒宝石的结构线。在刻面左上角的三角形区域，填涂白色。在内心形右下角亮部区域，画出白色反光。

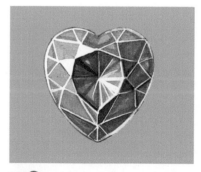

步骤 6

用白色完整地勾勒出宝石的结构线，以及内心形的射线。注意塑造刻面的细节，体现出宝石的光泽感和体积感。调整画面，完成绘制。

水滴形紫水晶

紫水晶：紫水晶因含铁、锰等矿物质而形成漂亮的紫色。其主要颜色有淡紫色、紫红、深红、大红、深紫、蓝紫等。天然紫水晶的紫色，从最浅的淡紫到非常浓艳的深紫都有，因其产地、成色的不同，而展现出不同深浅层次的紫色。

上色工具：水彩

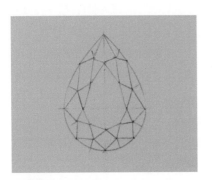

步骤 1

用自动铅笔画出宝石的切割琢型，擦除多余线条，保持画面整洁。

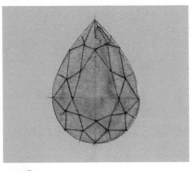

步骤 2

用清水调和白色与紫罗兰，绘制宝石的底色，注意不要覆盖宝石结构。

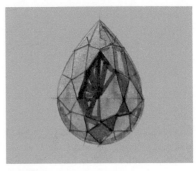

步骤 3

根据宝石的光影规律，调和出深浅不同的紫色，在内水滴形中画出射线，然后绘制内矩形右下角的亮部区域。此时可以不用太在意塑造细节，区分出明暗关系即可。

步骤 4

画出受光面与背光面，用微湿的笔晕染外环刻面，使得亮部与暗部的色彩过渡自然。调和出深浅不同的紫色，在宝石上刻画一些细小的笔触，塑造出宝石的质感。

步骤 5

从受光面开始，用白色勾勒宝石的结构线，并画出内水滴形的轮廓线。在刻面左上角的三角形区域，用白色均匀填涂。在内水滴形右下角亮部区域，画出白色反光，增强宝石的立体感。

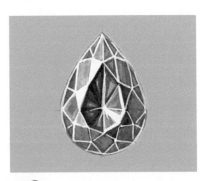

步骤 6

继续用白色勾勒宝石的结构线，然后用白色加紫罗兰，调和出深浅不同的紫色，绘制宝石刻面，体现出宝石的光泽感，调整画面，完成绘制。

4.1.8

方形沙弗莱石

沙弗莱石：沙弗莱石是丰富多彩的石榴石家族之钙铝榴石的一员，因其含有微量的铬和钒元素，所以沙弗莱石色彩通透、纯净，呈现出浓郁的翠绿色。

上色工具：水彩

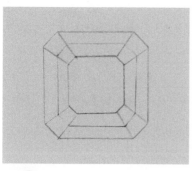

步骤 1

用自动铅笔画出宝石的切割琢型，擦净多余线条，保持画面整洁。

步骤 2

用少量白色调和草绿，绘制宝石的底色，注意不要覆盖宝石结构。

步骤 3

根据宝石的光影规律，在底色的基础上进一步添加色彩变化。调和出深绿色，绘制宝石的暗部区域。

步骤 4

用白色加草绿，调和出深浅不同的绿色，绘制内方形右下角的反光，以及外环左上角刻面的亮部区域。用微湿的笔晕染刻面，使亮部与暗部的色彩过渡自然。

步骤 5

用毛笔蘸取少量清水，晕染内方形，注意留出内方形右下角的反光。然后在宝石上刻画一些细小的笔触，塑造出宝石的质感。

步骤 6

勾勒宝石的结构线，并调整整体色调。用白色刻画左上角区域，以及内方形轮廓线和宝石反光。

矩形西瓜碧玺

西瓜碧玺：碧玺的颜色很丰富，其中有一种品种，具有内红、外蓝绿的特征，就像西瓜一样，并有很强的通透效果，被称为西瓜碧玺。

上色工具：水彩

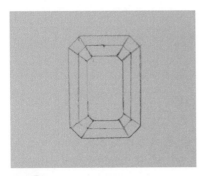

步骤 1

用自动铅笔画出宝石的切割琢型，擦净多余线条，保持画面整洁。

步骤 2

用适量的清水分别调和深绿色和品红色，绘制绿色和红色区域。注意两色之间的晕染，不要覆盖宝石结构。

步骤 3

根据宝石的光影规律，在底色的基础上进一步添加色彩变化。用微湿的笔晕染宝石的两种颜色，使其过渡自然。

步骤 4

进一步加强颜色的对比，画出受光面与背光面，同时注意用笔的手法。在宝石底色的基础上，调和同色系色彩，绘制一些细小的笔触，注意色彩变化。

步骤 5

从受光面开始，用白色勾勒宝石的结构线，并画出内矩形轮廓线。在刻面左上角的矩形区域，用白色均匀填涂。调整画面，完成绘制。

4.1.10

椭圆形摩根石

摩根石：摩根石的颜色异常娇艳。因其含有锰元素，所以呈现出如此亮丽的粉红色。 从不同的角度观察，可发现摩根石呈现出偏向浅粉红和深粉红带微蓝的色彩。

上色工具：水彩

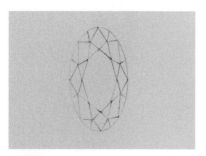

步骤 1

用自动铅笔画出宝石的切割琢型，擦净多余线条，保持画面整洁。

步骤 2

用适量的水和白色，分别调和少量橙色与大红，绘制宝石的底色。注意宝石内环到外环的色彩变化，不要覆盖宝石结构。

步骤 3

根据宝石的光影规律，在底色的基础上进一步添加色彩变化。使用橙、红的调和色，绘制外环刻面右下角的暗部区域。在此颜色的基础上调和适量的清水，在内椭圆形中绘制射线。

步骤 4

调和深浅不同的颜色，画出受光面与背光面。用微湿的笔晕染宝石刻面，使亮部与暗部的色彩过渡自然。在宝石上刻画一些细小的笔触，塑造摩根石的质感。

步骤 5

提亮宝石的受光面，增强宝石的通透感。调和深浅不同的橙红色，刻画内椭圆形的射线，体现出宝石的光泽。

步骤 6

用白色勾勒宝石的结构线，并画出内椭圆形的轮廓线，注意勾线的力度。在刻面左上角的三角形区域，用白色均匀填涂。在内椭圆形右下角亮部区域，画出白色反光。

4.2 素面宝石效果图绘制技法

4.2.1
祖母绿

祖母绿：祖母绿被称为绿宝石之王，呈现出晶莹艳美的绿色，其绿中带点黄，又似乎带点蓝，散发着柔和而浓艳的光芒。有人用葱心绿、嫩树芽绿来形容它。祖母绿象征着仁慈、信心、善良、永恒、幸运和幸福。

上色工具：水彩

步骤 1

用模板画出宝石形状，用清水加白色、翠绿和草绿，调和出深浅不同的绿色，绘制宝石的底色，注意划分出亮部与暗部的位置。

步骤 2

根据宝石的光影规律，进一步添加色彩变化。调和出深绿色，顺着宝石左上角外形的弧度绘制暗部。

步骤 3

继续加深暗部，从宝石的左上角往右下角，由深到浅画出渐变效果。用白色调和少量草绿绘制反光，注意色彩要过渡自然。

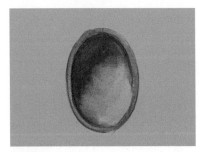

步骤 4

用毛笔蘸少量清水，晕染各色块之间的分界线，调整渐变色彩，使得颜色自然过渡。

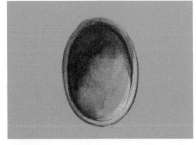

步骤 5

用白色调和草绿及少量淡黄，顺着宝石外形的弧度绘制反光，并勾勒出反光边缘。

步骤 6

用白色画出宝石周围的荧光斑点及左上角的高光，体现出宝石的光泽感。调整画面，完成绘制。

4.2.2
星光蓝宝石

星光蓝宝石：星光蓝宝石颜色多为靛蓝色、灰色、蓝灰色，多呈不透明至半透明状。在星光中心有聚集的亮点，星线向边缘延伸逐渐变细，随着光线的变化和角度的转动，星线会灵活移动。

上色工具：水彩

步骤 1

用模板画出宝石形状，使用清水调和群青，均匀地平涂宝石的底色。

步骤 2

用群青调和普兰，顺着宝石左上角外形的弧度绘制暗部。此时可以不用刻画细节，表现出明暗关系即可。

步骤 3

从宝石的左上角往右下角，由深到浅画出渐变效果。用微湿的笔晕染色彩，使周围的颜色融合。调和出浅蓝色，绘制右下角的反光，以及宝石外轮廓的亮部区域。

步骤 4

在宝石底色的基础上，提高色彩的饱和度。从左上角到右下角，用深蓝色至浅蓝色画出渐变效果。然后用毛笔蘸清水，晕染各色块，使颜色过渡自然。

步骤 5

继续加强反光的质感。用白色调和少许天蓝，在左上角沿着宝石的弧度，画出星光线。

步骤 6

调和出浅蓝色绘制星光线，然后绘制出宝石周围的荧光斑点和高光，体现出宝石的光泽感。调整画面，完成绘制。

红珊瑚：红珊瑚与珍珠、琥珀并列为三大有机宝石。天然红珊瑚由珊瑚虫堆积而成，生长极缓慢不可再生，且受到不同海域的限制，所以红珊瑚极为珍贵。其颜色以深红、火红为主，形状呈树枝状。

上色工具：水彩

步骤①

用模板画出宝石形状，使用清水调和大红色，平铺宝石的底色。

步骤②

根据宝石的光影规律，在底色的基础上添加颜色变化。调和出深红，顺着宝石右下角外形的弧度绘制暗部。

步骤③

画出宝石的受光区域，并继续加深暗部。顺着宝石右下角外形的弧度，绘制出反光区域。

步骤④

在宝石底色的基础上，提高色彩的饱和度。用毛笔蘸少量清水，晕染各色块之间的分界线，调整渐变色彩，使得颜色自然过渡。

步骤⑤

继续塑造宝石受光区域的质感。用白色调和深红，顺着宝石外形的弧度，绘制反光并勾勒出反光边缘。

步骤⑥

用白色画出宝石周围的荧光斑点及左上角的高光，体现出宝石的光泽度与质感。调整画面，完成绘制。

4.2.4 黑曜石

黑曜石：黑曜石是从火山熔岩流出来的岩浆，突然冷却后所形成的天然琉璃，属于非晶质的宝石。黑曜石是一种常见的黑色宝石，通常呈黑色，其透明度从半透明到全透明均有。

上色工具：水彩

步骤 1

用自动铅笔和模板画出宝石形状，擦净多余线条，使用水彩调和出基础色，平铺宝石的底色。

步骤 2

根据宝石的光影规律，在底色的基础上添加颜色变化。用少量清水调和黑色，顺着宝石右下角外形的弧度绘制暗部。

步骤 3

用清水调和白色，画出宝石的受光区域。用微湿的笔晕染色彩，使周围的颜色融合。

步骤 4

用毛笔蘸少量清水，晕染各色块之间的分界线。继续加重宝石整体颜色的明度，然后顺着椭圆形的弧度绘制渐变，塑造宝石的立体感。

步骤 5

调整渐变的颜色，调和白色与少量黑色，塑造受光区域。用白色顺着宝石外形的弧度，勾勒出反光边缘。

步骤 6

用白色画出宝石周围的荧光斑点及左上角的高光，体现出宝石的光泽度与质感。调整画面，完成绘制。

黄发晶：发晶是指包含了不同种类针状矿石内包物的天然水晶，这些分布在发晶内部，排列组合不同的毛发针状矿物质，多为平直丝状，也有的呈弯曲状、束状、 放射状或无规则取向分布。

上色工具：水彩

步骤 1

用模板画出宝石形状，使用水彩调和出基础色，平铺宝石的底色，概括出亮部与暗部。

步骤 2

根据宝石的光影规律，在左上角顺着宝石外形的弧度绘制暗部，然后在右下角绘制反光区域。

步骤 3

用清水调和熟褐，根据发晶特点，绘制出发晶内的絮状物。

步骤 4

进一步塑造絮状物的光影、质感及荧光效果。在底色的基础上，提高色彩的饱和度。

步骤 5

绘制宝石周围的荧光斑点及左上角的高光，体现出宝石的光泽度与质感。

步骤 6

用清水调和白色进一步加强右下角的反光，塑造絮状物的质感。调整画面，完成绘制。

4.2.6 白玉髓

白玉髓：白玉髓呈奶白色，质地细腻、圆润通透，其表面较为光亮，深受人们喜爱。

上色工具：水彩

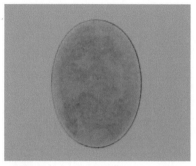

步骤 1

用模板画出宝石形状，使用水彩调和出基础色，平铺宝石的底色。

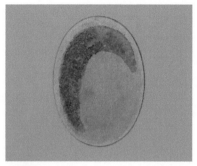

步骤 2

调和出深灰色，在左上角顺着宝石外形的弧度绘制暗部。此时可以不用刻画细节，表现出宝石的明暗关系即可。

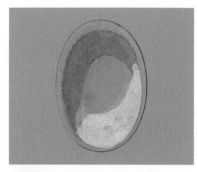

步骤 3

用微湿的笔晕染暗部色彩，然后调和出浅灰色，顺着宝石右下角外形的弧度，绘制反光区域。

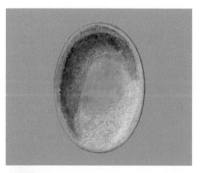

步骤 4

继续顺着椭圆形的弧度，由深到浅画出渐变效果。用毛笔蘸少量清水，晕染宝石色彩。注意使色彩过渡自然，体现出玉髓的通透感。

步骤 5

塑造反光区域的质感。调和出浅灰色，顺着宝石外形的弧度绘制反光。用白色勾勒出宝石的反光边缘。

步骤 6

用白色画出宝石周围的荧光斑点及左上角的高光，体现出宝石的质感。调整画面，完成绘制。

孔雀石

孔雀石：天然孔雀石呈现浓绿、翠绿的光泽，拥有一种独特的高雅气质。由于其颜色和它特有的同心圆状花纹，犹如孔雀美丽的尾羽而获得如此美丽的名字。

上色工具：水彩

步骤 1

用模板画出宝石形状，用清水调和翠绿色，均匀地平涂宝石的底色。

步骤 2

调和出深绿色，在宝石右下角，顺着宝石外形的弧度绘制暗部。用微湿的笔晕染色彩，融合宝石周围的颜色，表现出宝石的明暗关系。

步骤 3

待宝石底色晾干后，调和出较深的绿色，画出孔雀石的纹理。

步骤 4

在宝石底色的基础上，提高色彩的饱和度。用白色勾勒出孔雀石纹理的形态。

步骤 5

塑造受光区域的质感，进一步加强暗部色彩。用白色顺着宝石外形的弧度，绘制反光。

步骤 6

调整宝石的整体色调，用白色调和少量翠绿，绘制出宝石周围的荧光斑点。用白色绘制高光，体现出宝石的光泽。调整画面，完成绘制。

4.2.8
绿松石

绿松石：绿松石质地细腻，色彩娇艳柔媚。其因所含元素的不同，颜色存在一定的差异，多呈天蓝色、淡蓝色、绿蓝色、绿色。其颜色有深有浅，甚至含浅色条纹、斑点以及褐黑色的铁线。

上色工具：水彩

步骤 1

用模板画出宝石形状，使用清水调和天蓝、松石蓝，平铺宝石的底色。

步骤 2

根据宝石的光影规律，用天蓝在宝石右下角，顺着宝石外形的弧度绘制暗部。此时可以不用刻画细节，表现出明暗关系即可。

步骤 3

用白色调和出浅蓝色，绘制宝石的受光区域。

步骤 4

用毛笔蘸清水，晕染各色块的分界线。调整渐变的颜色，注意颜色要过渡自然。在宝石右下角，顺着宝石外形的弧度，提亮反光边缘。

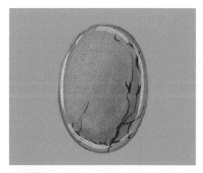

步骤 5

勾画出松石的铁线，注意亮部与暗部色彩的处理。塑造出铁线的立体感，画出宝石周围的荧光斑点。

步骤 6

用白色提亮宝石周围的荧光斑点，然后绘制左上角的高光，体现出宝石的光泽感。调整画面，完成绘制。

4.2.9 欧泊

欧泊：欧泊是有变彩或有特殊闪光效果的宝石，呈透明到微透明状。欧泊涉及的颜色非常丰富，可出现各种体色，白色体色可称为白蛋白；黑、深灰、蓝、绿、棕色体色可称为黑蛋白；橙、橙红、红色体色可称为火蛋白。

上色工具：水彩

步骤 1

用模板画出宝石形状，使用清水调和群青，均匀地平涂宝石的底色。

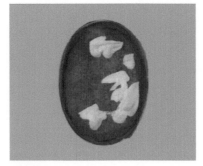

步骤 2

在宝石底色的基础上，绘制第一层黄绿色的炫彩色。

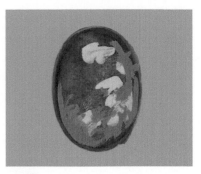

步骤 3

继续添加第二层浅紫罗兰的炫彩色，注意色彩要分布合理、自然。

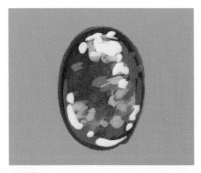

步骤 4

在彩色底色的基础上，继续添加颜色，提高色彩的饱和度。用白色调和少量黄色，继续绘制第三层明亮炫彩色，体现出宝石的色彩变化。

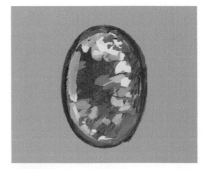

步骤 5

根据色彩分布继续叠加不同的颜色，塑造欧泊的彩虹现象。用白色加天蓝，调和出深浅不同的蓝色，绘制宝石的反光。

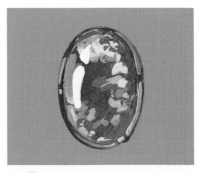

步骤 6

先用白色画出宝石周围的荧光斑点，然后在白色上叠加少量天蓝，塑造荧光斑点色彩的层次感。最后用白色绘制左上角的高光，体现出宝石的光泽感。调整画面，完成绘制。

4.2.10
月光石

月光石：月光石静谧而朴素，通常是无色至白色，也可呈浅黄色、橙色至淡褐色、蓝灰或绿色，具有特别的月光效应。透明的宝石上闪耀着蓝色的光芒，让人联想到皎洁的月色。

上色工具：水彩

步骤 1

用模板画出宝石形状，使用黑色调和白色及大量清水，绘制宝石的底色。

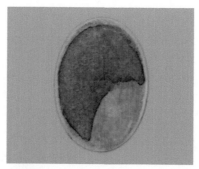

步骤 2

用普兰调和清水，在宝石左上角，顺着宝石外形的弧度绘制暗部。

步骤 3

根据月光石反光强烈的特点，在宝石右下角，用白色调和少量清水，顺着宝石外形的弧度绘制反光区域。

步骤 4

继续顺着椭圆形的弧度，由深到浅画出渐变效果。用毛笔蘸清水，晕染宝石色彩，注意使颜色过渡自然。

步骤 5

顺着宝石外形的弧度，继续提亮反光，并勾勒出反光的边缘。同时适当加深暗部，提高色彩的饱和度。

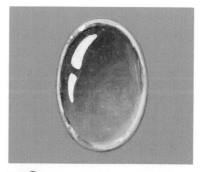

步骤 6

用白色画出宝石周围的荧光斑点及左上角的高光，体现出宝石的光泽感。调整画面，完成绘制。

4.2.11 玛瑙

玛瑙：玛瑙常混有蛋白石和隐晶质石英的纹带状，呈半透明或不透明状，同心圆构造最为常见，夹层构成美丽的纹带。玛瑙色彩非常丰富，多呈绿色、红色、黄色、褐色、白色等。

上色工具：水彩

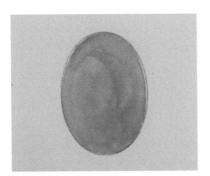

步骤 1

用模板画出宝石形状，使用深红调和大量清水，平铺宝石的底色。

步骤 2

调和出浅红色，顺着宝石右下角外形的弧度，绘制反光区域。调和大红和深红，在宝石左上角，顺着宝石外形的弧度绘制暗部。

步骤 3

用毛笔蘸清水，晕染各色块的分界线，调整渐变的颜色，使色彩过渡自然，并适当提亮右下角的反光区域。

步骤 4

用白色绘制玛瑙的纹样，注意纹样的分布。用白色调和清水，绘制浅色的花纹，拉开花纹之间的层次，使画面看起来更丰富。

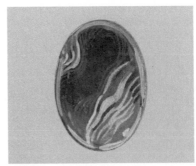

步骤 5

用白色绘制宝石周围的荧光斑点，体现出宝石的光泽感。

步骤 6

最后用白色画出宝石的高光，然后补充荧光斑点的颜色，体现宝石的质感。调整画面，完成绘制。

4.2.12
—— 青金石

青金石：青金石呈致密块状、粒状结构，质地细腻。颜色呈深蓝色、紫蓝色、天蓝色、绿蓝色等，其中又以蓝色调浓艳、纯正，色彩均匀为最佳。同时，青金石还是天然蓝色颜料的主要原料。

上色工具：水彩

步骤 1

用模板画出宝石形状，用适量清水调和天蓝色及少量群青，绘制宝石的底色。

步骤 2

根据宝石的光影规律，在底色的基础上添加颜色变化。在宝石右下角调和出深蓝色，顺着宝石外形的弧度绘制暗部，表现出基本的明暗关系。

步骤 3

调和出稍亮的蓝色，画出宝石的受光区域。顺着宝石外形的弧度，提亮反光区域，注意色彩要过渡自然。

步骤 4

用毛笔蘸清水，晕染各色块的分界线。继续顺着椭圆形的弧度，由深到浅画出渐变效果，塑造宝石的立体感。

步骤 5

根据青金石的特点，用深绿、中绿、土黄及白色，点绘出青金石的纹样。注意纹样不要过于平均，要有疏密变化。

步骤 6

用白色画出宝石周围的荧光斑点及左上角的高光，体现出宝石的光泽感。调整画面，完成绘制。

星光红宝石

星光红宝石：星光红宝石是具有星光效应的红宝石，通常呈不透明或微透明状。其颜色呈深红色，最红的俗称"鸽血红"。将星光宝石加工成弧面时，宝石会显示出六射星光。

上色工具：水彩

步骤 1

用模板画出宝石形状，使用清水调和洋红与少量品红，均匀地平涂宝石的底色。

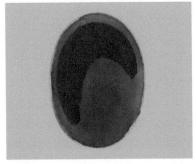

步骤 2

根据宝石的光影规律，在宝石的左上角调和出深红色，顺着宝石外形的弧度绘制暗部。

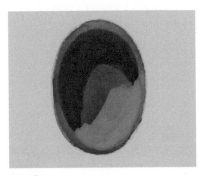

步骤 3

用白色调和少量品红与洋红，顺着宝石外形的弧度，在右下角绘制反光区域。

步骤 4

用毛笔蘸水，晕染各色块的分界线，调整色彩渐变效果，注意色彩要过渡自然。

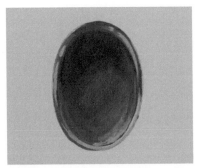

步骤 5

进一步顺着宝石外形的弧度，绘制宝石的反光，并勾勒出反光边缘线。

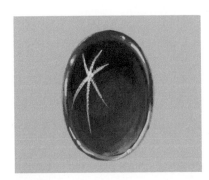

步骤 6

在宝石的左上角沿着宝石的弧度，用白色绘制星光。用白色绘制宝石周围的荧光斑点及高光，体现出宝石的光泽感。调整画面，完成绘制。

4.2.14
石榴石

石榴石：石榴石晶体与石榴籽的形状、颜色十分相似，因此称为石榴石。石榴石的颜色非常丰富，常见的为红色，同时还包括橙色、黄色、绿色、蓝色、紫色、棕色、透明及黑色等。

上色工具：水彩

步骤 1

用模板画出宝石形状，用清水调和洋红、深红，绘制宝石的底色，大致表现出明暗关系。

步骤 2

根据宝石的光影规律，调和出浅红色，顺着宝石右下角外形的弧度绘制反光区域。

步骤 3

用深红加少量普兰，顺着宝石左上角的外形弧度，画出宝石的暗部区域。注意控制普兰的比例，不宜过多。

步骤 4

在宝石底色的基础上，提高色彩的饱和度。从左上角到右下角，从深红至浅红画出渐变效果。用毛笔蘸清水，晕染各色块的分界线。

步骤 5

继续添加细节，塑造受光区域的质感。用白色调和红色，顺着宝石外形的弧度勾勒出受光边缘，塑造出宝石的立体感。

步骤 6

用白色画出宝石周围的荧光斑点及左上角的高光，体现出宝石的光泽感。调整画面，完成绘制。

碧玉

碧玉：碧玉质地细腻，柔和滋润，呈不透明、微透明或半透明状。碧玉常含有黑色点状矿物，色彩较柔和，多呈暗红色、绿色或杂色，深受人们的喜爱。

上色工具：水彩

步骤 1

用模板画出宝石形状，使用水彩调和出基础色，平铺宝石的底色，注意晕染宝石上的黑色点状纹理。

步骤 2

根据宝石的光影规律，用白色调和中绿，绘制受光面和反光区域。此时可以不用刻画细节，表现出明暗关系即可。

步骤 3

在宝石底色的基础上，提高的色彩饱和度。画出宝石的暗部，用微湿的笔晕染颜色，使周围的色彩自然融合。

步骤 4

用毛笔蘸清水，晕染各色块的分界线。用白色调和少量深绿，顺着椭圆形的弧度，提亮受光面。然后从深绿至浅绿画出渐变效果，塑造出宝石的立体感。

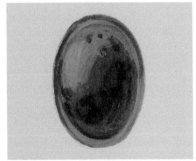

步骤 5

刻画碧玉上的黑色斑点纹样，注意纹样分布的位置。

步骤 6

用白色画出宝石周围的荧光斑点及左上角的高光，体现出宝石的光泽感。调整画面，完成绘制。

4.2.16
翡翠

翡翠：翡翠质地细腻、滋润，呈半透明至不透明状。其颜色非常丰富，包括：红色、橙色、黄色、绿色、青色、蓝色、紫色等，其中绿色为上品。

上色工具：水彩

步骤 1

用模板画出宝石形状，用清水调和草绿及少量白色，平铺宝石的底色。

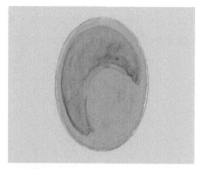

步骤 2

用草绿调和少量清水，顺着宝石左上角外形的弧度，绘制暗部。此时可以不用刻画细节，表现出明暗关系即可。

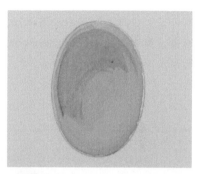

步骤 3

用微湿的笔，顺着宝石外形的弧度晕染宝石的色彩。调和出浅绿色，绘制反光区域，注意色彩要过渡自然。

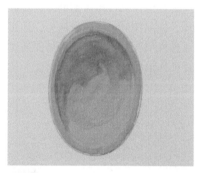

步骤 4

调和出深浅不同的绿色，由深到浅画出渐变效果。增加颜色的厚度与饱和度，注意色彩要过渡自然。

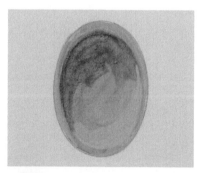

步骤 5

继续加深暗部，增加颜色对比度。用毛笔蘸清水，晕染宝石的颜色，使色彩过渡自然。

步骤 6

用白色画出宝石周围的荧光斑点及左上角的高光，体现出宝石的光泽感。调整画面，完成绘制。

4.3 珍珠效果图绘制技法

4.3.1 白珍珠

白珍珠：白珍珠分为白色海水珍珠和白色淡水珍珠，其色泽柔和、晶莹剔透，具有荧光的光泽。白珍珠拥有瑰丽的色彩和高雅气质，非常受人们喜爱。

上色工具：水彩

步骤 1

用自动铅笔和模板画出珍珠形状，注意保持画面整洁。

步骤 2

使用白色调和少量黑色、淡黄，调和出深浅不同的灰色，绘制珍珠的底色。

步骤 3

继续加深暗部，用微湿的笔晕染颜色，使周围的色彩自然融合，提高白珍珠的色彩饱和度。然后顺着珍珠外形的弧度，绘制反光区域。

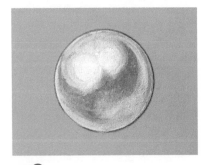

步骤 4

用少量清水调和白色，在珍珠左上角绘制受光面及反光。

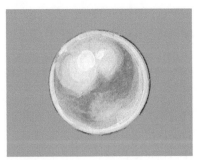

步骤 5

用白色在珍珠外边缘处，勾画细线。然后在左上角画出高光，塑造出珍珠的光泽感。调整画面，完成绘制。

4.3.2
灰珍珠

灰珍珠：灰色是海水珍珠特有的一种颜色，灰珍珠在灰色调的基础上，兼备幻彩多变的伴色。灰珍珠稀有且罕见，散发着与众不同的瑰丽光泽。

上色工具：水彩

步骤 1

用自动铅笔和模板画出珍珠形状，擦净多余线条，保持画面整洁。

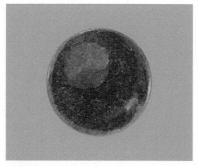

步骤 2

用清水调和黑色，平铺珍珠底色。根据光影规律，在底色基础上添加颜色变化，注意留出亮部区域。

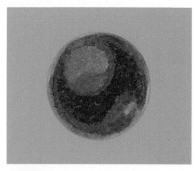

步骤 3

继续加深暗部色彩，用微湿的笔晕染颜色，使周围的色彩自然融合。然后顺着珍珠的外形弧度，绘制反光区域。

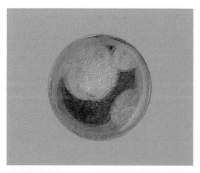

步骤 4

用白色调和少量黑色，提亮珍珠的受光及反光区域，增强珍珠的光泽质感。

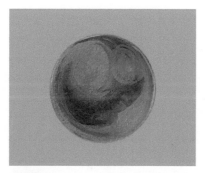

步骤 5

用毛笔蘸清水，晕染各色块的分界线。调整灰珍珠的渐变色，使色彩过渡自然。

步骤 6

用白色沿着珍珠外形的弧度，勾画细线。然后点出高光，体现出珍珠的质感。调整画面，完成绘制。

4.3.3 黑珍珠

黑珍珠：黑珍珠的色彩非常华丽，在其固有色的基调上，会有伴彩的出现。当慢慢转动黑珍珠时，可以看到彩虹般的闪光。

上色工具：水彩

步骤 1

用自动铅笔和模板画出珍珠形状，擦净多余线条，保持画面整洁。

步骤 2

用清水调和黑色，绘制黑珍珠的底色。

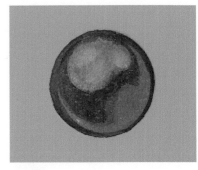

步骤 3

继续绘制珍珠的受光面及反光面，用白色调和普兰及少量深绿（根据黑珍珠光泽特点，可在反光的色彩中调和少量绿色，使珍珠的色彩看起来更真实）。然后顺着珍珠外形的弧度绘制反光，用白色调和少量黑色，绘制受光面。

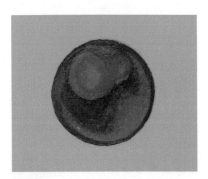

步骤 4

用毛笔蘸清水，晕染各色块的分界线，使亮部与暗部的色彩过渡自然。

步骤 5

用白色沿着珍珠外形的弧度，勾画细线。然后点出高光，塑造出珍珠的立体感。调整画面，完成绘制。

4.3.4
金珠

金珠：金珠的颜色为淡黄色至金黄色。由于金珠的养殖难度非常大，生产数量极少，所以十分珍贵。

上色工具：水彩

步骤 1

用自动铅笔和模板画出珍珠形状，擦净多余线条，保持画面整洁。

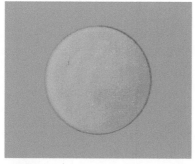

步骤 2

用白色调和土黄与少量淡黄，绘制珍珠的底色。

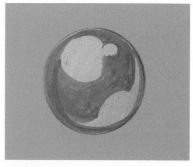

步骤 3

在宝石底色的基础上，提高色彩饱和度。在上一步调和的黄色中加入少量熟褐，绘制珍珠的暗部。注意保留受光区和反光区的底色。

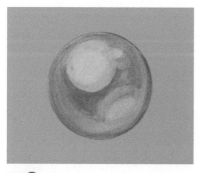

步骤 4

用白色调和土黄，提亮受光面和反光。再用毛笔蘸清水，晕染各色块的分界线，使亮部与暗部的色彩过渡自然。

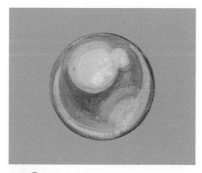

步骤 5

继续加入白色，进一步提亮珍珠受光面及反光，塑造出珍珠的立体感。

步骤 6

用白色点出高光及珍珠的边缘线，体现出珍珠的光泽感。调整画面，完成绘制。

异形珍珠

上色工具：水彩

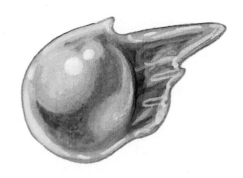

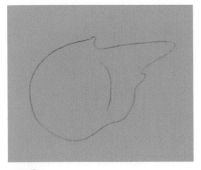

步骤 1

用自动铅笔画出珍珠形状，擦净多余线条，保持画面整洁。

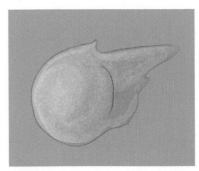

步骤 2

使用白色调和少量黑色与淡黄，平铺珍珠的底色。

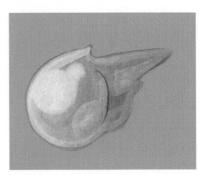

步骤 3

提亮珍珠受光面及反光，提高色彩的饱和度，并进一步加深珍珠的暗部。

步骤 4

在宝石底色的基础上，添加颜色变化。然后顺着珍珠外形的弧度，绘制反光区域。

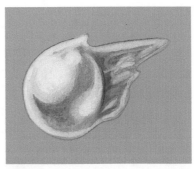

步骤 5

继续绘制珍珠细节，塑造受光面的质感。然后用毛笔蘸清水，晕染各色块的分界线，使亮部与暗部的色彩过渡自然。

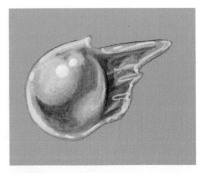

步骤 6

用白色沿着珍珠外形的弧度，勾画细线，然后点出高光，体现出珍珠的光泽感。

4.3.6

多颗异形珍珠

上色工具：水彩

步骤①

用自动铅笔画出珍珠形状，擦净
多余线条，保持画面整洁。

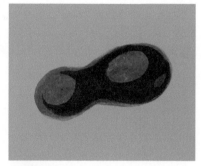

步骤②

用清水调和黑色，平铺珍珠的底
色。注意通过控制水量来调节色
彩明度。根据光影规律，在底色
的基础上添加颜色变化，区分出
珍珠的明暗面。

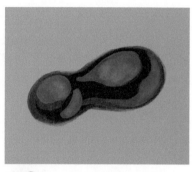

步骤③

用清水调和白色与少量黑色，绘
制珍珠受光面及反光。

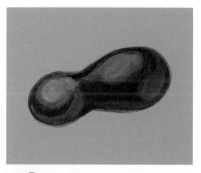

步骤④

增加白色的用量，进一步提亮受
光面。用毛笔蘸清水，晕染各色
块的分界线，使亮部与暗部的色
彩过渡自然。

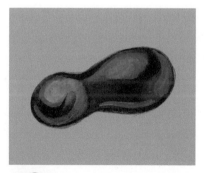

步骤⑤

继续加深暗部，用微湿的笔晕染珍
珠的颜色，使色彩融合自然。然后
顺着珍珠外形的弧度绘制反光。

步骤⑥

进一步提亮亮部与反光，用白色
沿着珍珠外形的弧度，勾画细线。
最后点出高光，体现出珍珠的光
泽感。调整画面，完成绘制。

05

CHAPTER

贵金属手绘效果
图技法

5.1 平面金属效果图绘制技法

在珠宝首饰设计中，常用的贵金属包括黄金、白银、铂金及钯金。黄金常用的纯度有 24k 金、18k 金、14k 金及 9k 金，白银常用的纯度有 999 银及 925 银。

就贵金属的绘制来讲，大致可分为灰色系金属和黄色系金属绘制。灰色系金属的绘制，表现出金属的素描关系即可。由于黄色系金属的纯度不同，所以金属固有色的深浅程度也会有一定的区别。所以，绘制时应注意不同纯度的金属，其色彩处理方式应有所调整。

5.1.1

平面黄金

上色工具：马克笔、彩铅、水彩

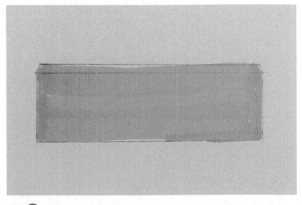

步骤 1

用自动铅笔画出金属的形状，使用黄色系马克笔，绘制金属的底色。

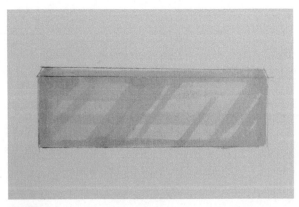

步骤 2

根据金属的光影规律和表面质感，在金属底色的基础上添加颜色变化，画出金属反光。

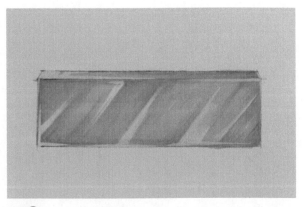

步骤 3

用彩色铅笔进一步刻画金属细节，然后用白色水彩调和少量土黄，绘制亮部反光，塑造出金属质感。

5.1.2
平面玫瑰金

上色工具：水彩、彩铅

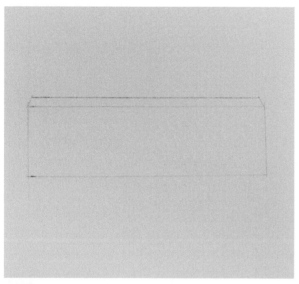

步骤 1

用自动铅笔画出金属的形状，擦净多余线条，保持画面整洁。

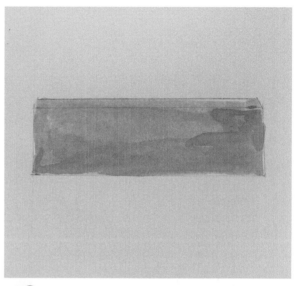

步骤 2

用土黄调和赭石，绘制金属的底色，注意区分出金属的明部与暗部。

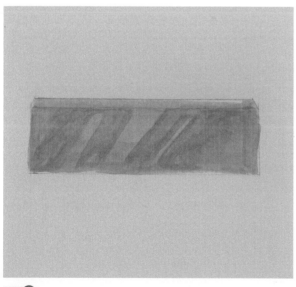

步骤 3

根据金属的光影规律和表面质感，在底色基础上添加颜色变化。用平行四边形表现出反光位置，并均匀地填涂黄棕色。

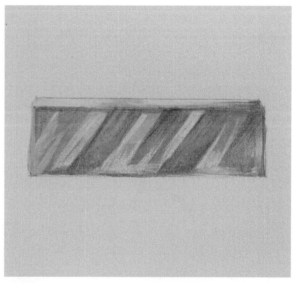

步骤 4

用彩铅刻画金属表面细节，加深暗部色彩及金属边缘。然后用白色水彩调和少量赭石，绘制金属反光，塑造出金属质感。调整画面，完成绘制。

5.2 曲面金属效果图绘制技法

5.2.1
拱形白金（铂金、银）

上色工具：马克笔、彩铅、水彩

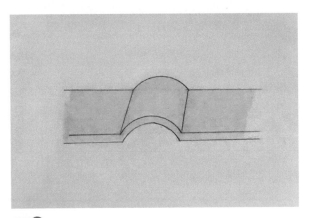

步骤①

用自动铅笔画出金属的形状，使用灰色系马克笔，绘制金属底色。

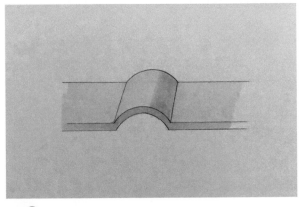

步骤②

使用深灰色马克笔，绘制金属暗部，区分出金属的亮部与暗部。

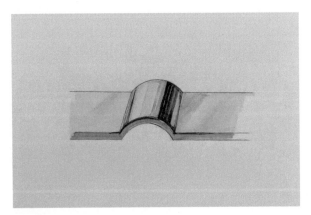

步骤③

用彩铅刻画细节，分层次地画出金属亮部与暗部的颜色。然后用深浅不同的灰色，画出金属反光及边缘，注意色彩过渡自然。

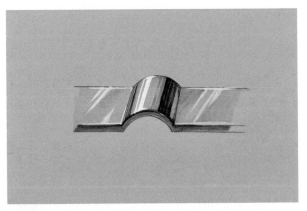

步骤④

用白色水彩勾画出亮面反光，然后用深灰色刻画金属的厚度，塑造金属质感。调整画面，完成绘制。

5.2.2

折面黄金

上色工具：马克笔、彩铅、水彩

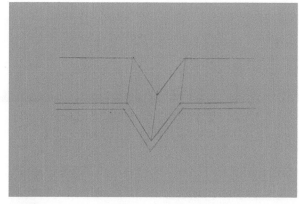

步骤 1

用自动铅笔画出金属形状，擦净多余线条，保持画面整洁。

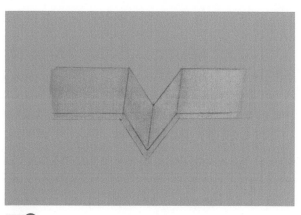

步骤 2

使用黄色系马克笔，绘制金属的底色。

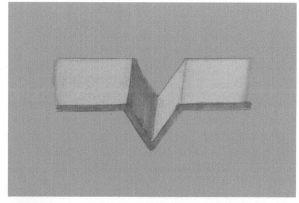

步骤 3

根据金属的光影规律和表面质感，在底色的基础上添加颜色变化。使用深黄色马克笔，画出金属暗部与厚度效果。

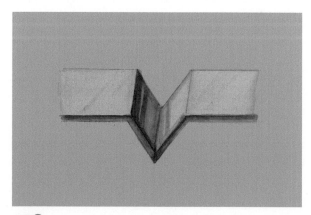

步骤 4

用彩铅刻画金属的细节，分层次画出亮部、暗部的颜色，注意塑造金属的体积感，使色彩过渡自然。

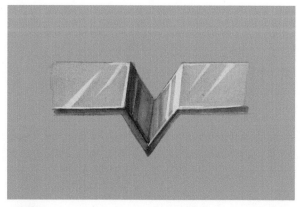

步骤 5

用水彩调和出淡黄色，绘制金属亮面反光。调整画面，完成绘制。

5.3 绳带状贵金属手绘效果图技法

5.3.1 黄金丝带

上色工具：马克笔、彩铅、水彩

步骤 1

用自动铅笔画出金属的形状，擦净多余线条，保持画面整洁。

步骤 2

使用黄色系马克笔，绘制金属的底色。然后根据金属的光影规律，绘制反光的形状，注意反光的形状和金属的形状形成相切的关系。

步骤 3

在底色基础上添加颜色变化，用彩铅刻画金属表面细节，画出金属丝带的厚度效果，然后绘制金属反转面的暗部。

步骤 4

用彩铅刻画细节，沿着金属丝带的形状，绘制金属轮廓线条。继续刻画金属亮部与暗部的颜色，注意塑造金属的体积感。

步骤 5

用水彩调出亮部色彩，将金属进行整体提亮。用清水调和少量黑色，画出阴影。调整画面，完成绘制。

5.3.2
白金麻花

上色工具：马克笔、彩铅、水彩

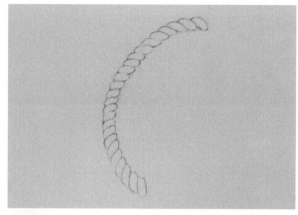

步骤①

用自动铅笔画出金属的形状，擦净多余线条，保持画面整洁。

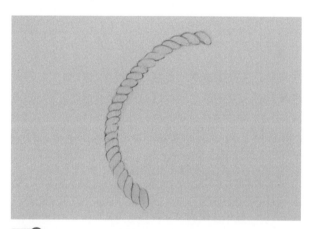

步骤②

使用灰色系马克笔，绘制金属的底色。

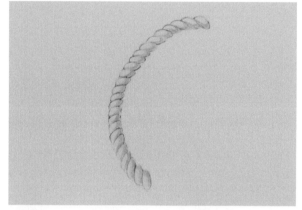

步骤③

根据金属的光影规律，在底色基础上添加颜色变化。然后顺着金属绳形态的变化，在每一节转折和相交的位置，加深金属的颜色，增强白金麻花的立体感。

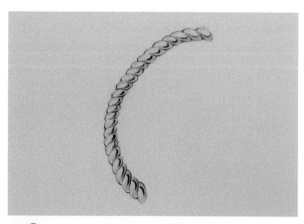

步骤④

用浅灰色画出亮部色彩，以及每一节金属绳转折处的亮面反光。然后在金属绳明暗交界的位置，画出弧形的明暗交界线。

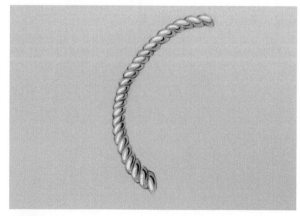

步骤⑤

在每一节金属绳左边，用白色水彩绘制金属反光，加强金属质感。调整画面，完成绘制。

5.4 金属肌理效果图绘制技法

5.4.1 金属表面工艺——拉丝

上色工具：马克笔、彩铅、水彩

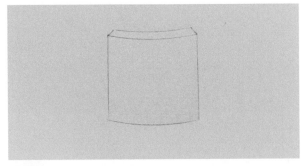

步骤 1

用自动铅笔画出金属的形状，擦净多余线条，保持画面整洁。

步骤 2

使用黄色系马克笔，绘制金属的底色。注意根据光影规律，留出金属受光面的位置。

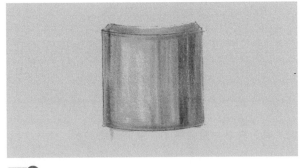

步骤 3

用彩铅刻画细节，沿着金属块垂直的方向，画出细腻的线条，分层次画出金属明部与暗部。

步骤 4

画出金属块的厚度效果，加深金属块的边缘线。然后用毛笔刻画拉丝效果。

步骤 5

用白色水彩画出高光与拉丝的反光，加强金属质感。调整画面，完成绘制。

5.4.2
——金属表面工艺——磨砂

上色工具：马克笔、彩铅、水彩

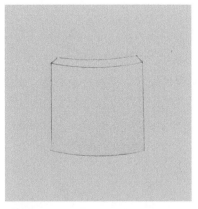

步骤 1

用自动铅笔画出金属的形状，擦净多余线条，保持画面整洁。

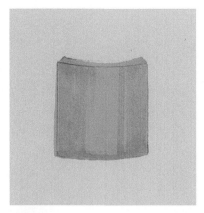

步骤 2

使用黄色系马克笔，绘制金属的底色。注意根据光影规律，留出金属受光面的位置。

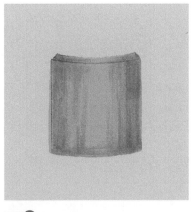

步骤 3

在底色基础上添加颜色变化，用彩铅沿着金属块垂直的方向，画出细腻的线条。

步骤 4

画出金属块的厚度效果，用水彩调和出深黄色，点绘出磨砂效果，注意要根据明、暗面，画出有深浅变化的磨砂颜色。

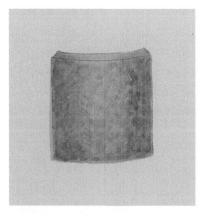

步骤 5

继续点绘亮部的颜色，然后用微湿的笔晕染金属色彩，使亮部与暗部色彩过渡自然。

步骤 6

用白色勾画金属边缘，并点绘出高光，增强金属的质感。调整画面，完成绘制。

上色工具：马克笔、彩铅、水彩

步骤 1

用自动铅笔画出金属的形状，擦净多余线条，保持
画面整洁。

步骤 2

使用黄色系马克笔，绘制金属的底色。

步骤 3

根据光影规律，在底色基础上添加颜色变化。画出
金属反光，注意反光的形状和金属形状，成相切的
关系。

步骤 4

用彩铅刻画细节，提亮金属亮部，加重暗部色彩，
注意塑造金属及浮雕工艺的体积感。

步骤 5

用水彩调和出浅黄色，绘制金属反光及高光，塑造
出金属的质感。调整画面，完成绘制。

5.5 拟物造型金属效果图绘制技法

5.5.1
金属花卉饰品

上色工具：马克笔、水彩

步骤 1

用自动铅笔画出金属花卉的造型，擦净多余线条，保持画面整洁。

步骤 2

使用黄色系马克笔，绘制金属的底色。

步骤 3

用中黄加赭石与熟褐，调和出深浅不同的黄色，绘制金属亮部与暗部。然后在底色的基础上，添加颜色变化。

步骤 4

用水彩调和出深浅不同的黄色，分层次画出金属亮部与暗部不同的颜色。进一步刻画暗部细节，提亮亮部色彩，塑造出金属的体积感。

步骤 5

用白色调和少量淡黄，绘制金属高光与反光。调整画面，完成绘制。

金属纽带造型饰品

上色工具：马克笔、水彩

步骤 1

用自动铅笔画出纽带形状，擦净多余线条，保持画面整洁。

步骤 2

使用黄色系马克笔，绘制金属基础色。

步骤 3

根据金属光影规律，调和黄色加赭石、熟褐进行加深暗部，在底色基础上加重颜色变化。

步骤 4

调和深浅不同的黄色，分层次画出金属亮部与暗部的颜色。提亮金属亮面，加重暗部色彩，画出颜色的渐变效果，塑造出金属的体积感。

步骤 5

调整金属色彩，使色彩过渡自然。然后用白色调和少量淡黄，绘制金属反光与高光，调整画面，完成绘制。

06

CHAPTER

珠宝首饰设计
手绘效果图技法

6.1 戒指

三视图是指能够正确反应物体长、宽、高具体尺寸的标准化视图。观测者从上面、左面、正面三个不同角度，观察同一个物体，然后将这个物体投射在立方体各面的图形绘制出来，即为此物体的视图。这三种视角的图形分别被称为俯视图（顶视图）、正视图（主视图）和左视图（侧视图）。

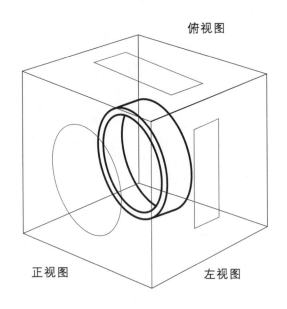

三视图在珠宝设计中非常重要，设计师通过三视图可以更加全面地表现珠宝首饰每个角度的细节。

在俯视图（顶视图）中，主石的形态及首饰的款式效果，体现得最为全面。因此，在珠宝首饰设计手绘中，通常会将俯视图放在画面的最上方进行展示。

正视图（主视图）可以确定戒指的款式、宝石的大小、戒指的尺寸以及戒壁的厚度等。

左视图（侧视图）可以展示戒指的款式及侧面款式。左视图（侧视图）的绘制，是运用光线折射的原理，在 45° 参考线的辅助下，物体的尺寸可以转换角度且保持数据不变。

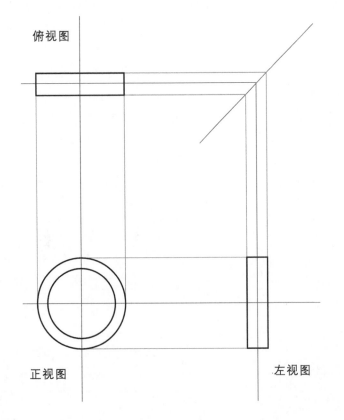

6.1.2 钻石戒指三视图绘制

上色工具：马克笔、水彩、针管笔

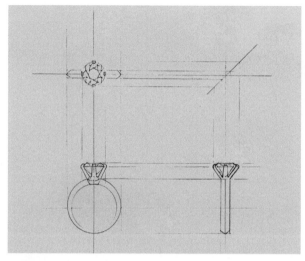

步骤 1

根据三视图的绘制原理，用自动铅笔和尺规绘制透视线，然后画出戒指的三视图线稿。

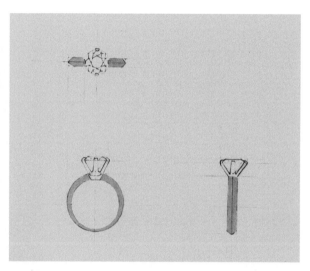

步骤 2

擦净辅助线，保持画面整洁。然后使用黄色系马克笔和灰色系马克笔，绘制戒指的底色。

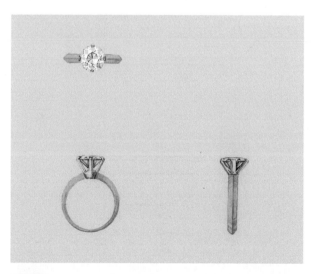

步骤 3

用水彩调和出深浅不同的灰色，刻画钻石和镶嵌爪的细节。用白色针管笔与白色水彩颜料，勾勒戒指主石的结构线。然后调和出深黄色，绘制黄金戒圈的暗部。

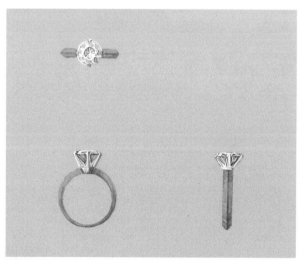

步骤 4

分层次画出戒指明部与暗部的色彩，提亮戒圈和钻石的亮部，加强明暗对比。塑造金属的质感与体积感，刻画戒指细节。

用白色水彩，画出钻石的台面高光，以及金属反光面的形状，注意反光的形状和金属形状成相切的关系。

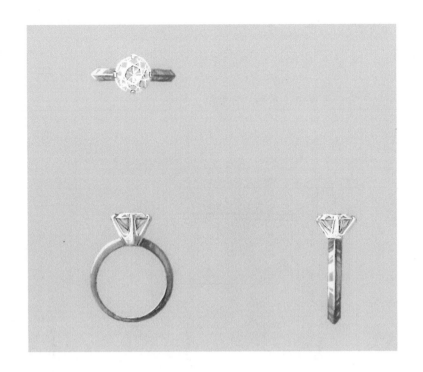

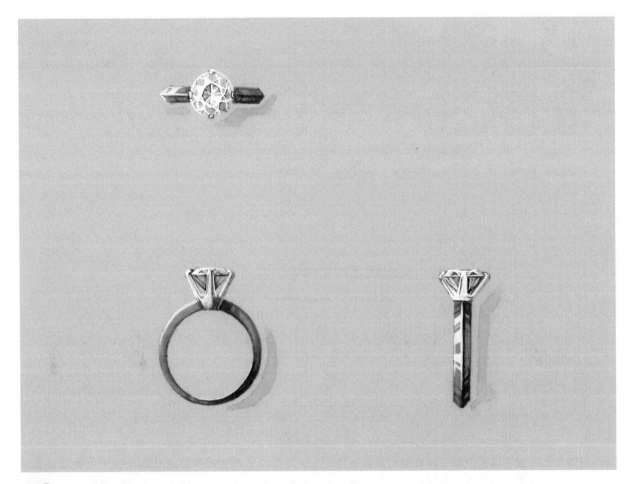

步骤 6

用少量土黄加赭石，调和出深浅不同黄色，进一步加深黄金戒圈的暗部。然后调和出深浅不同的灰色，刻画钻石和镶嵌爪的暗部。最后用清水调和少量黑色绘制投影，使画面视觉效果更加立体。

6.1.3 红宝石镶钻戒指三视图

上色工具：马克笔、水彩

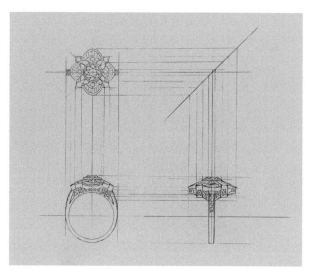

步骤 1

根据三视图的绘制原理，用自动铅笔和尺规，绘制辅助线与透视线，然后画出戒指的三视图线稿。

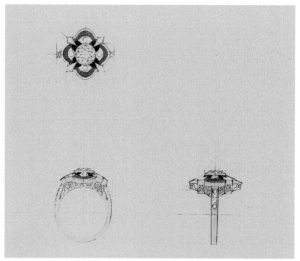

步骤 2

擦净辅助线，保持画面整洁。使用红色、黑色、灰色系马克笔，绘制主石及白金戒圈的底色，同时画出碎钻的位置。

步骤 3

用水彩调和出深浅不同的灰色，绘制戒指的轮廓。然后调和出浅灰色，并使用白色、红色与黑色，刻画宝石细节。

步骤 4

依次画出金属的渐变色彩，增强白金的质感。用白色勾勒出宝石结构线、戒圈的轮廓线和镶嵌爪部的轮廓线。

步骤 5

继续加深钻戒暗部，勾勒宝石、戒圈及部分结构的轮廓线，增强钻戒指的立体感。然后用白色概括地勾勒出宝石、戒圈、镶嵌爪部的高光。

步骤 6

用少量黑色加白色，调和出深浅不同灰色，进一步绘制戒圈、宝石和镶嵌爪的暗部。最后用清水调和少量黑色绘制投影。调整画面，完成绘制。

6.1.4
铂金平面素圈戒指

上色工具：马克笔、彩铅、水彩

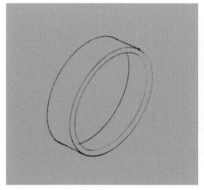

步骤①

用自动铅笔画出戒指的形状，擦净多余线条，保持画面整洁。

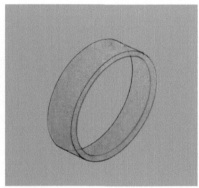

步骤②

使用浅灰色马克笔，绘制戒指的底色。

步骤③

根据金属的光影规律和表面质感，用深灰色马克笔，画出戒圈金属的反光。

步骤④

画出戒圈的厚度效果，然后用彩铅沿着金属垂直的方向，画出细腻的线条，注意使金属反光色彩过渡自然。

步骤⑤

继续加深戒圈的边缘线，然后用白色水彩，画出金属戒指的亮面反光，塑造出金属质感。

黄金弧面素圈戒指

上色工具：马克笔、彩铅、水彩

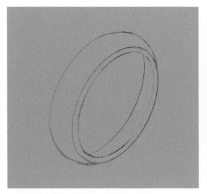

步骤 1

用自动铅笔画出戒指的形状，擦净多余线条，保持画面整洁。

步骤 2

使用黄色系马克笔，绘制戒指的底色。

步骤 3

根据金属的光影规律，用马克笔绘制金属反光与亮部，然后加深戒指的暗部，区分出戒指的明暗关系。

步骤 4

用褐色与棕色彩铅，刻画出戒圈的厚度效果，并勾勒戒圈的轮廓线。然后沿着金属垂直的方向，绘制细腻的线条。画出金属色彩的渐变效果，注意塑造戒圈的弧面。

步骤 5

用水彩调和出浅黄色，绘制戒指的亮面反光，塑造出金属质感。调整画面，完成绘制。

6.1.6
红宝石&钻石戒指

上色工具：水彩

步骤 1

根据设计思路，画出戒指的线稿。注意配石和主石的形状、透视与镶嵌爪的结构。

步骤 2

调和出浅灰色，绘制戒圈的底色。然后调和红色、黄色和白色，绘制主石和配石的底色。

步骤 3

用水彩晕染戒指的明暗关系，调和出深浅不同的灰色，画出金属色彩的渐变效果。然后调和出浅灰色、红色、黄色与白色，刻画钻石细节。

步骤 4

进一步提亮戒指亮部，然后用湿润的笔，融合戒圈亮部与暗部的颜色。用细线条勾画戒指轮廓线，用白色画出高光，注意塑造戒指的体积感。

步骤 5

用清水调和少量黑色绘制投影，调整画面，完成绘制。

祖母绿&钻石戒指

上色工具：水彩

步骤 1

根据设计思路，画出戒指的线稿。注意配石和主石的形状、透视与镶嵌爪的结构。

步骤 2

用水彩调和出浅灰色、绿色与白色，绘制戒指的底色。

步骤 3

根据光影规律和材料的质感，画出金属反光，加深暗部颜色。然后调和深绿色，晕染主石的暗部。调和浅绿色，绘制主石的亮部。

步骤 4

用白色勾勒出宝石结构、戒圈的轮廓线和镶嵌爪的轮廓。然后细化戒指造型与宝石结构线，用白色绘制戒指的高光。

步骤 5

用清水调和少量黑色，绘制戒指的投影。调整画面，完成绘制。

6.1.8
祖母绿包镶素面戒指

上色工具：马克笔、彩铅、水彩

步骤①

根据设计思路，画出戒指的线稿。擦净多余线条，保持画面整洁。

步骤②

调和出深浅不同的黄色，绘制戒圈的底色。用绿色系马克笔，绘制主石的基础色。

步骤③

用彩铅在戒圈底色的基础上，绘制暗部颜色。然后用深绿色彩铅刻画主石的暗部，塑造出戒指的立体感。

步骤④

画出金属色彩的渐变效果，然后用湿润的笔晕染戒圈。用细线条勾勒戒指的轮廓线，塑造出金属的体积感。

步骤⑤

用白色调和少量黄色，画出金属亮面反光。然后用白色绘制祖母绿的高光，增强戒指的立体感。最后绘制戒指的投影，调整画面，完成绘制。

6.2 耳饰

黄钻 & 祖母绿耳坠

上色工具：马克笔、彩铅、针管笔

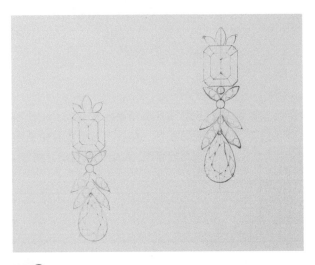

步骤 1

根据设计思路，画出耳坠的线稿。注意配石和主石的
形状、结构，注意保持画面干净、整洁。

步骤 2

使用绿色、黄色、灰色系马克笔，平铺一遍耳坠
的底色。

步骤 3

用马克笔重叠上色，提高色彩的饱和度。然后刻画
耳坠亮部与暗部，用浅灰色彩铅，勾画碎钻和金属
包边的结构。

步骤 4

用彩铅进一步刻画细节，继续加深耳坠暗部，提亮亮部。
然后用白色针管笔，勾勒宝石刻面结构线与碎钻轮廓线。

步骤 5

用白色针管笔刻画碎钻细节，进一步提亮碎钻的色彩，用同样的方法绘制另一只耳坠。最后，用白色水彩画出宝石的高光与镶嵌爪的结构。调整画面，完成绘制。

珍珠 & 蓝宝石耳坠

上色工具：马克笔、彩铅、水彩

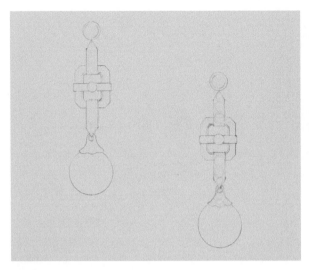

步骤 1

根据设计思路，画出耳坠的线稿，注意保持画面干净、整洁。

步骤 2

用浅灰色马克笔绘制金属的底色，用水彩调和出蓝色，绘制蓝宝石的底色。然后用白色加少许清水，均匀地填涂珍珠的底色。

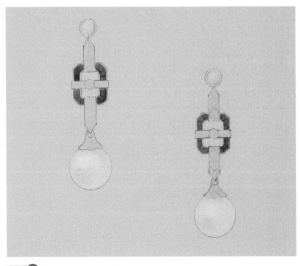

步骤 3

调和深浅不同的灰色，绘制珍珠的细节，提高色彩的饱和度。然后调和深浅不同的蓝色，勾画蓝色宝石，让宝石看起来更加立体。

步骤 4

加深耳坠暗部，提亮亮部。然后调和深浅不同的灰色，塑造出钻石的立体感。

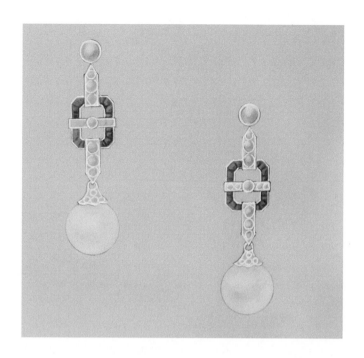

步骤⑤

调和浅灰色，晕染钻石及珍珠的受光区域。然后用勾线笔蘸取白色水彩，勾勒钻石轮廓线及金属包边。

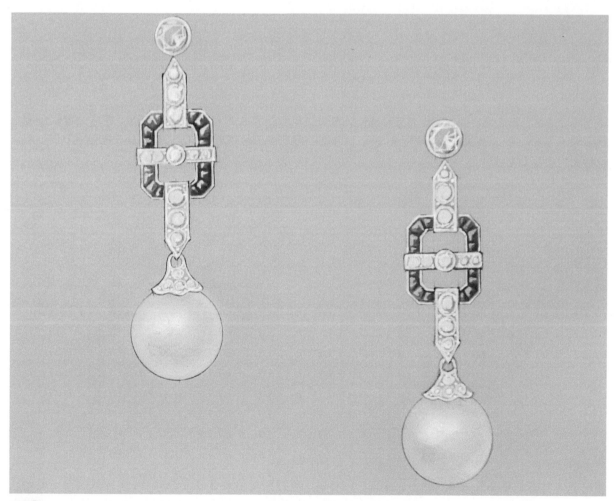

步骤⑥

用白色水彩，勾勒钻石的结构线，提亮钻石的受光面。然后用白色水彩调和少量天蓝色，绘制蓝宝石的受光面。调整画面，完成绘制。

上色工具：马克笔、彩铅、水彩

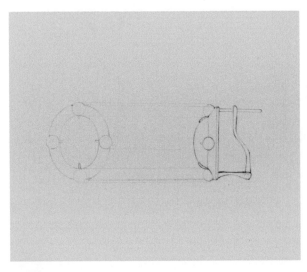

步骤 1

根据设计思路，画出耳钉的线稿。如有特殊设计需求的耳钉，需增加侧视图来表现耳钉的结构。擦净多余线条，保持画面整洁。

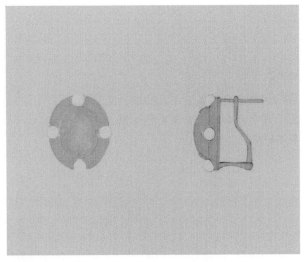

步骤 2

用绿色系马克笔，绘制祖母绿的底色。黄色金属用柠檬黄调和中黄色，均匀地填涂金属基础色。

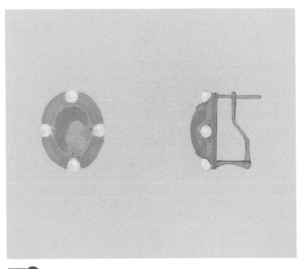

步骤 3

用马克笔塑造祖母绿的颜色变化，加重耳钉的明暗关系。调和出深浅不同的灰色，进一步塑造珍珠的质感。用白色提亮珍珠的高光，增强立体效果。

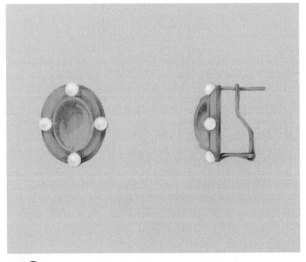

步骤 4

用彩铅刻画金属表面细节，加强金属的明暗对比。用彩铅、水彩进一步刻画耳钉细节，分层次画出宝石和金属明部、暗部的颜色。

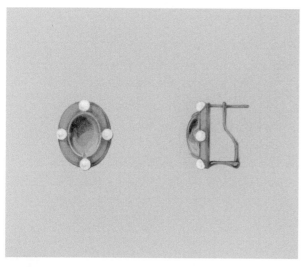

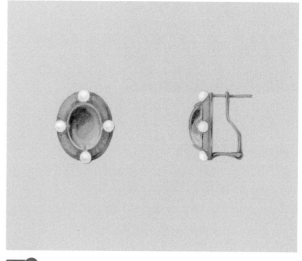

步骤 5

塑造出珍珠的质感，继续提亮祖母绿反光，然后画出金属色彩的渐变效果。

步骤 6

用深、浅黄色系彩铅刻画金属拉丝，塑造出金属拉丝肌理，注意添加颜色变化。

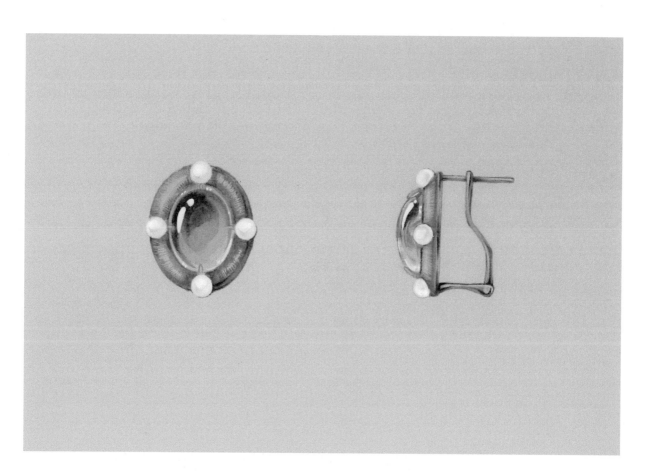

步骤 7

将金属的颜色整体提亮，进一步塑造金属拉丝的质感。然后用白色水彩绘制宝石、珍珠的高光。调整画面，完成绘制。

6.3 胸针

6.3.1
黄金花束镶嵌月光石胸针

上色工具：马克笔、彩铅、水彩

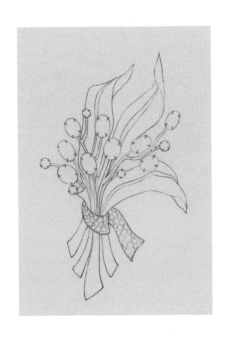

步骤 1

根据设计思路，画出胸针的线稿。用简练的线条画出配石、主石及镶嵌爪的结构。擦净多余线条，保持画面整洁。

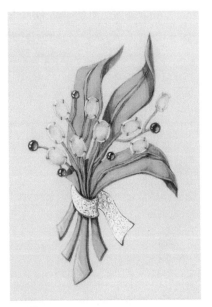

步骤 2

用马克笔、水彩，根据不同材质的颜色，均匀地平涂胸针的底色。

步骤 3

用深、浅棕色彩铅，刻画金属表面细节及厚度效果。调和浅灰色，绘制碎钻的金属包边。然后用白色调和少量天蓝色，绘制月光石，塑造出胸针的明暗关系。

步骤 4

分层次画出黄色金属亮部、暗部的颜色，提亮月光石的受光面。用白色及灰色调和色，刻画碎钻及金属包边。调和深红色绘制红宝石暗部，并用白色点缀高光。

步骤 5

调整胸针细节，提高色彩的饱和度。用白色水彩画出碎钻及月光石的高光。然后
用白色加少量清水，绘制黄色金属的反光。调整画面，完成绘制。

上色工具：马克笔、彩铅、水彩

步骤 1

根据设计思路，画出胸针的线稿。 擦净多余线条，保持画面整洁。

步骤 2

用灰色系马克笔，绘制金属部分。用清水调和天蓝色水彩，均匀地填涂蓝花珐琅的底色。

步骤 3

用深灰色马克笔，叠加画出金属的暗部。用水彩调和出深蓝色，绘制蓝花珐琅的暗部，塑造出胸针的明暗关系。

步骤 4

刻画金属的暗部细节，提亮蓝花珐琅的亮部。然后用黑色、灰色彩铅，画出金属的明暗交界线，以及蓝花珐琅在金属上产生的投影。

步骤 5

用彩铅、水彩进一步刻画细节，分层次画出胸针亮部、暗部的颜色。用白色水彩，勾画蓝花珐琅金属包边及钻石结构。

步骤 6

调和出深蓝色绘制蓝花珐琅的暗部色彩。然后用深灰色、黑色彩铅画出金属的色彩渐变效果，用白色绘制高光。

步骤 7

用清水调和少量黑色，绘制胸针的投影。调整画面，完成绘制。

黄金镶嵌珍珠胸针

上色工具：马克笔、彩铅、水彩

步骤 1

根据设计思路，画出胸针的线稿。擦净多余线条，保持画面整洁。

步骤 2

用黄色系马克笔，绘制黄色金属的底色。然后用白色，均匀地填涂珍珠的底色。

步骤 3

用水彩调和赭石与少量熟褐，加深金属的暗部，画出金属厚度效果。调和出深浅不同的黄灰色，绘制珍珠暗部，并用白色绘制珍珠受光面及反光。

步骤 4

用彩铅进一步刻画金属细节，塑造出金属质感。

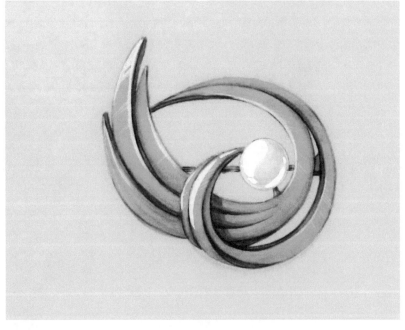

步骤 5

用白色水彩，绘制出珍珠高光。然后调和出浅黄色，绘制金属亮面反光。

6.4 项链

6.4.1
祖母绿 & 珍珠项链

上色工具：马克笔、水彩

步骤 1

根据设计思路，画出项链的线稿。注意项链正面及搭扣可以分开展示。

步骤 2

用绿色系马克笔，绘制祖母绿底色。用白色水彩，均匀地填涂珍珠底色。

步骤 3

根据光影规律，在项链底色的基础上添加颜色变化。用黄色系马克笔，绘制金属的颜色。用水彩调和出深浅不同的绿色，勾画祖母绿的结构，晕染出宝石的明暗关系。

步骤 4

分层次画出项链亮部、暗部的颜色，塑造出每一颗珍珠的立体效果。注意项链中的祖母绿，参考刻面宝石上色的方法绘制即可。

步骤 5

提亮祖母绿，用白色刻画宝石结构线。然后用白色绘制宝石、珍珠、碎钻及金属高光。

步骤 6

用清水调和少量黑色水彩，绘制项链投影，使画面更加立体。调整画面，完成绘制。

上色工具：马克笔、针管笔、水彩

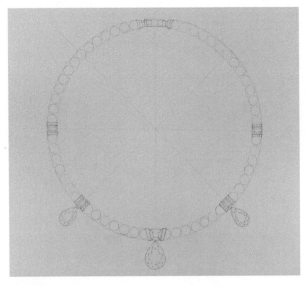

步骤 1

根据设计思路，绘制项链的线稿。擦净多余线条，保持画面整洁。

步骤 2

用绿色系马克笔绘制祖母绿的底色。用浅灰色马克笔，绘制主石与金属的底色。用白色水彩，均匀地填涂珍珠底色。

步骤 3

在底色基础上添加颜色变化，用水彩调和出深浅不同的绿色，塑造出祖母绿的明暗关系。然后刻画珍珠的效果，注意色彩要过渡自然。

步骤 4

调和不同材质的固有色，分层次画出项链亮部、暗部的颜色，注意塑造金属、珍珠、宝石的体积感与质感。然后用白色针管笔，绘制宝石的结构线及碎钻的轮廓。

步骤 5

提高珍珠色彩的饱和度，塑造出宝石及碎钻的质感。
然后用白色加少许水，晕染出宝石、珍珠、碎钻及
金属的亮部色彩。

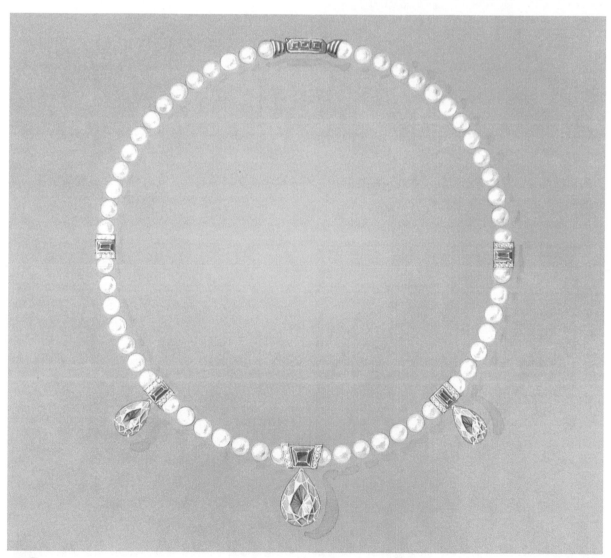

步骤 6

用白色绘制珍珠、宝石的高光，然后用清水调和少量黑色水彩，绘制项链投影。调整画面，完成绘制。

上色工具：水彩

步骤 1

用自动铅笔画出平安扣的形状，然后用清水调和少量黑色与白色，均匀地填涂翡翠底色。

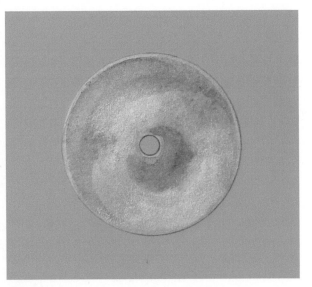

步骤 2

调和深浅不同的灰色，在翡翠底色的基础上添加颜色变化，并区分出翡翠的明暗面。

步骤 3

绘制翡翠的反光与暗部色彩，用微湿的笔晕染翡翠的颜色，使周围的色彩自然融合。调和出深浅不同的绿色，点绘出翡翠的斑纹。

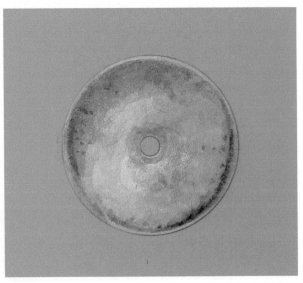

步骤 4

用小毛笔蘸清水，晕染翡翠的斑纹，塑造出飘花效果。

步骤⑤

调和出深浅不同的绿色与灰色，进一步刻
画翡翠的细节，提高色彩的饱和度。然后
用白色水彩，画出翡翠的高光及反光。

步骤⑥

用湿润的笔晕染翡翠的色彩，使色彩过渡自然。调整飘花的颜色，使其色彩层次更加丰富。调整
画面，完成绘制。

上色工具：马克笔、水彩、针管笔

步骤①

用自动铅笔画出项链线稿，擦净多余线条，保持画面干净、整洁。

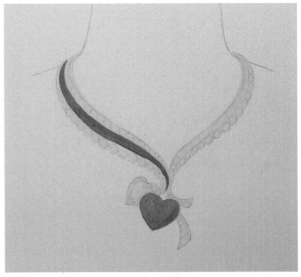

步骤②

用清水调和大红水彩，均匀地填涂红宝石的基础色。然后使用浅灰色马克笔，绘制钻石及金属部分。

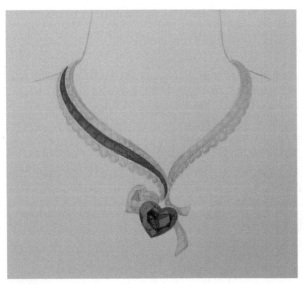

步骤③

根据宝石光影规律，调和深红色绘制红宝石暗部。用深灰色马克笔，加深钻石暗部颜色，塑造出项链的明暗关系。

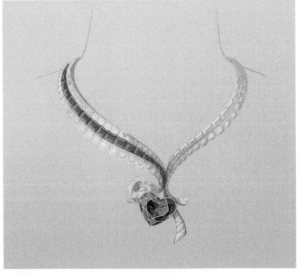

步骤④

用白色加少许清水，提亮钻石的亮部。然后调和深浅不同的红色，绘制红宝石的亮部、暗部与反光。用白色针管笔，刻画主石的结构线。

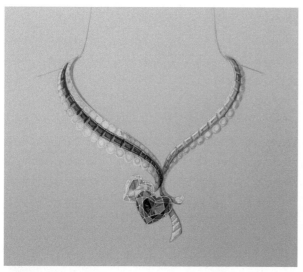

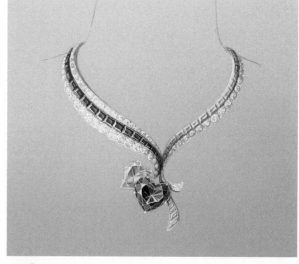

步骤 5

用水彩调和出深灰色及深红色，绘制项链的暗部色彩，塑造出每一颗宝石的立体效果。

步骤 6

用白色针管笔配合白色水彩，提亮红宝石和钻石的亮部。然后刻画宝石和白金的高光、反光、结构线等细节，使项链结构清晰，塑造出宝石的立体感。

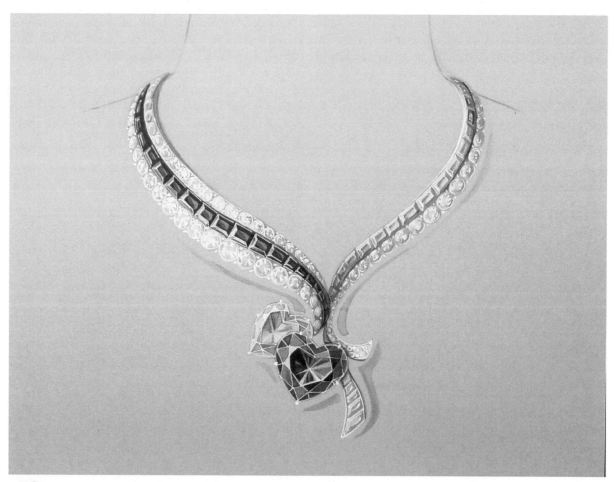

步骤 7

用清水调和少量黑色水彩，绘制项链投影，使画面更加立体。

祖母绿 & 钻石项链

上色工具：水彩、针管笔

步骤 1

用白色彩铅绘制项链线稿，然后调和出深浅不同的灰色与深绿色，绘制项链的底色。

步骤 2

调和深浅不同的绿色，绘制祖母绿的亮部与暗部。调和出灰色及白色，提亮金属和钻石的亮面，并勾画出碎钻的轮廓。

步骤 3

调和出浅绿色，绘制祖母绿的亮部，并勾勒出宝石的结构线。注意根据光影规律，塑造不同位置宝石的亮部与暗部的色彩。

步骤 4

用白色加少许水，晕染钻石的亮面。然后用白色针管笔，勾勒钻石的形状与结构线，增强项链的立体感。

步骤⑤

用白色针管笔刻画碎钻细节，注意项链立体感的塑造。然后用白色绘制祖母绿的高光、结构线以及钻石的高光。调整画面，完成绘制。

6.4.6

蓝宝石 & 钻石项链

上色工具：马克笔、水彩、针管笔

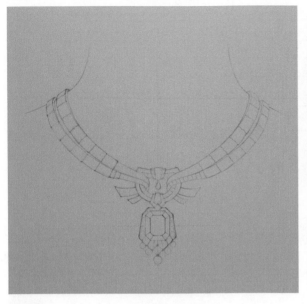

 步骤 1

用自动铅笔画出项链线稿，擦净多余线条，保持画面干净、整洁。

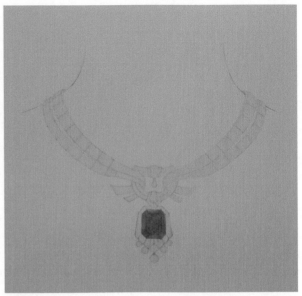

步骤 2

使用浅灰色马克笔，绘制钻石及金属部分的底色。用水彩调和出深蓝色，均匀地填涂蓝宝石的底色。

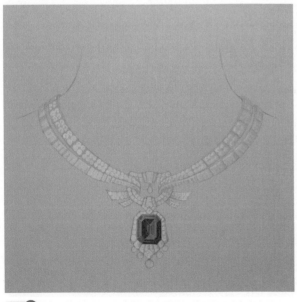

步骤 3

用水彩调和出深浅不同的蓝色，刻画蓝宝石。然后用白色水彩加少量清水，进一步晕染钻石的颜色。

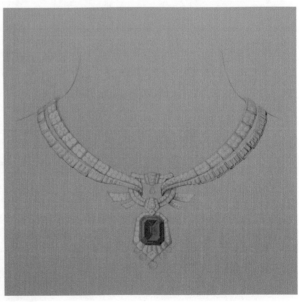

步骤 4

用水彩调和出深浅不同的灰色，绘制钻石与金属的暗部，并勾画出钻石轮廓。

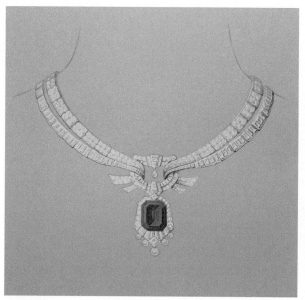

步骤 5

用清水调和白色，晕染钻石的亮面。然后用白色针管笔，勾勒钻石的形状与结构线，加强项链的光泽和立体感。

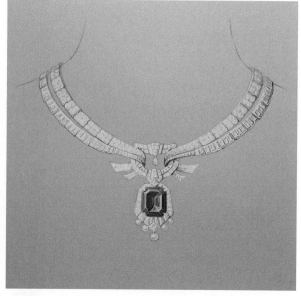

步骤 6

使用白色水彩，绘制钻石和蓝宝石的高光，以及镶嵌爪的结构，使画面细节更丰富。

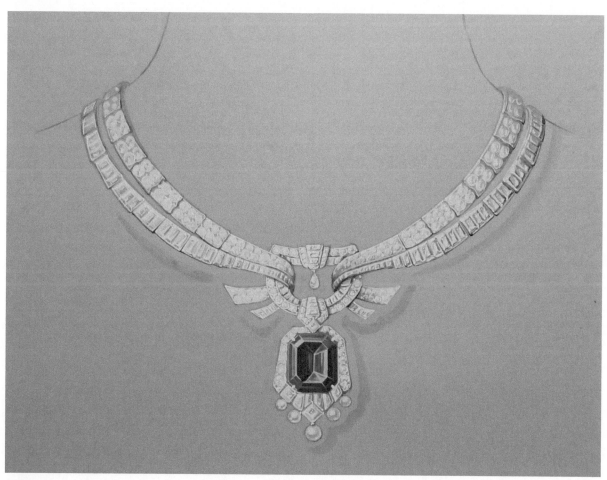

步骤 7

用清水调和少量黑色水彩，绘制项链投影。调整画面，完成绘制。

6.5 手链 & 手镯

6.5.1
红宝石 & 珍珠复古手链

上色工具：马克笔、彩铅、水彩

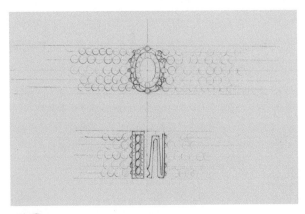

步骤 1

用自动铅笔画出手链线稿，擦净多余线条，保持画面干净、整洁。

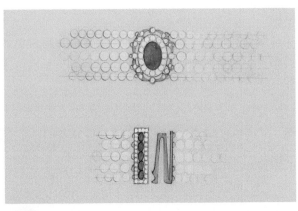

步骤 2

用清水调和大红，均匀地填涂红宝石的底色。使用黄色系马克笔，绘制金属的底色。然后用白色加少量清水，绘制珍珠。

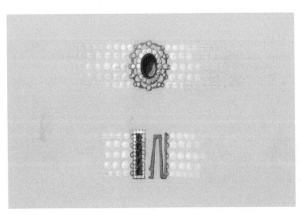

步骤 3

根据光影规律和表面质感，用彩铅刻画金属的细节。然后用水彩白色提亮珍珠与碎钻，调和出深浅不同的红色，绘制红宝石。

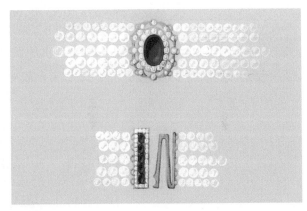

步骤 4

进一步刻画红宝石、碎钻、黄金及珍珠的细节，分层次画出手链亮部、暗部的颜色，注意塑造珍珠与宝石的立体感。

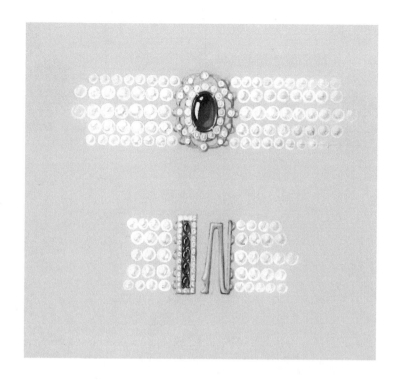

步骤 5

用白色水彩，整体提亮宝石与珍珠亮部，然后刻画碎钻结构线。最后用白色画出红宝石、珍珠、碎钻及金属高光。

步骤 6

用清水调和少量黑色水彩绘制投影，使画面更加立体。调整画面，完成绘制。

上色工具：马克笔、彩铅、水彩

步骤 1

用自动铅笔画出手镯线稿，擦净多余线条，保持画面干净、整洁。

步骤 2

用黄色系马克笔，均匀地填涂手镯的底色。

步骤 4

用深浅不同的黄色系马克笔，晕染手镯的亮部、暗部色彩。然后用棕色彩铅，绘制手镯的结构及暗部，加重手镯的明暗对比，增强立体效果。

步骤 5

使用深棕色彩铅，刻画黄金暗面色彩，提升金属的质感。

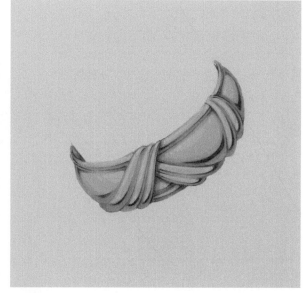

步骤 6

调和中黄和白色,绘制手镯的受光面,提高金属色
彩饱和度。然后使用棕色系彩铅,进一步刻画金属
细节。

步骤 7

在上一步调和的黄色中,增加白色的用量,调和出
浅黄色,绘制手镯高光与反光。

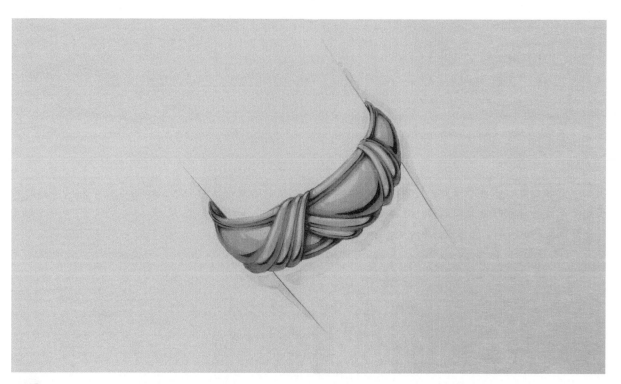

步骤 8

画出手腕线条,然后用白色调和少量中黄色,绘制手镯的亮面反光。用清水调和少量黑色
水彩绘制投影,使画面更加立体。调整画面,完成绘制。

上色工具：马克笔、彩铅、水彩、针管笔

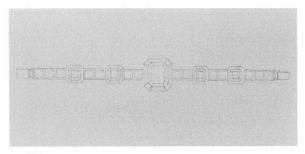

步骤 1

用自动铅笔画出手链线稿，擦净多余线条，保持画面干净、整洁。

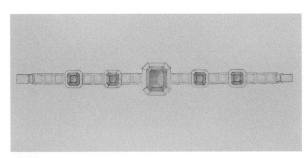

步骤 3

调和深浅不同的绿色，绘制祖母绿的亮面与暗面。用浅灰色马克笔，绘制白金和钻石的底色，塑造出手链明暗关系。

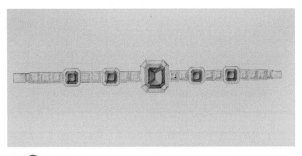

步骤 4

用绿色调和白色，提亮祖母绿的亮部，并勾勒出宝石的结构线。注意根据光影规律，用灰色系彩铅，塑造钻石及白金的明、暗面的色彩。

步骤 5

用白色针管笔，勾勒出祖母绿的结构线及碎钻的轮廓。

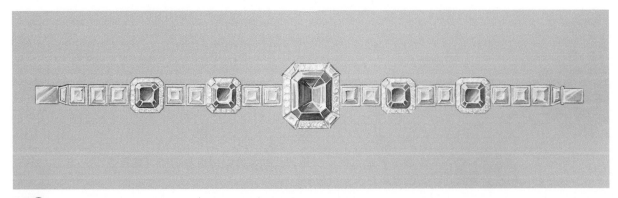

步骤 6

用白色加少量清水，提亮祖母绿、钻石、碎钻及白金的亮面。然后用白色水彩，绘制手链高光。调整画面，完成绘制。

07

CHAPTER

珠宝设计手绘
作品欣赏

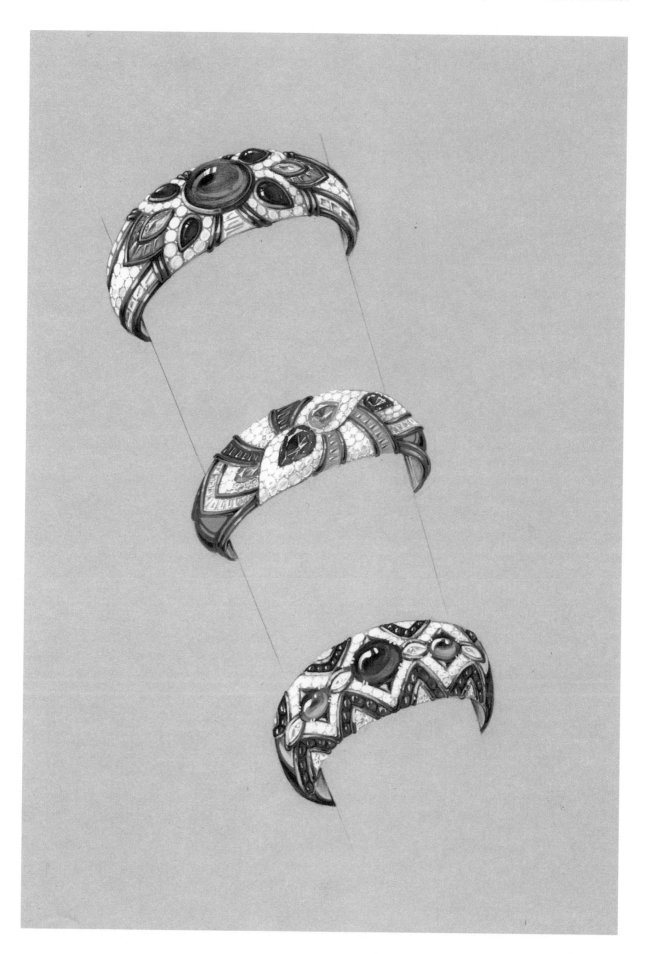

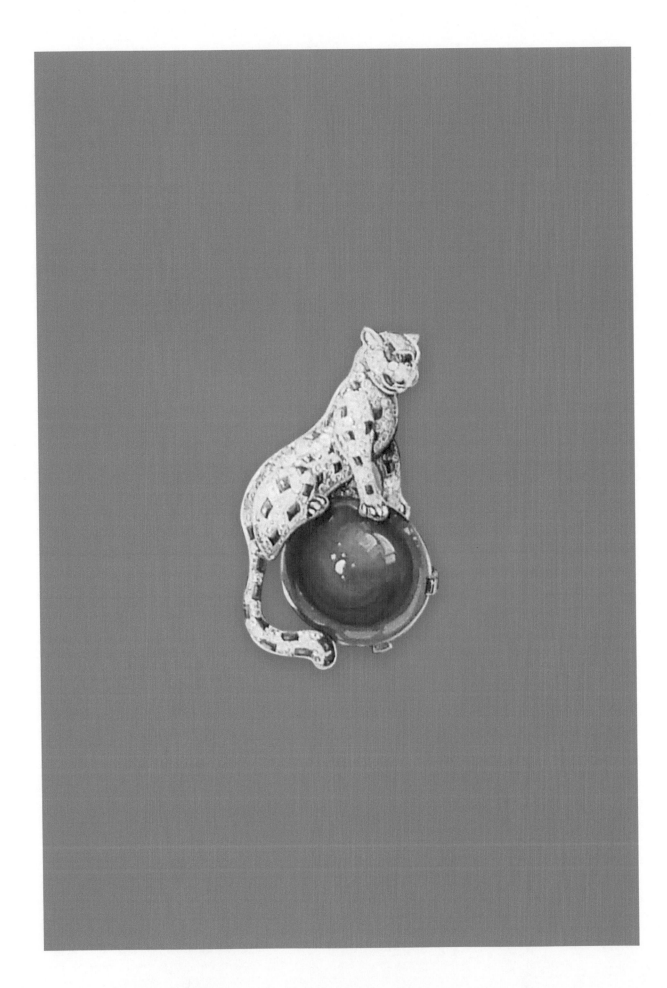

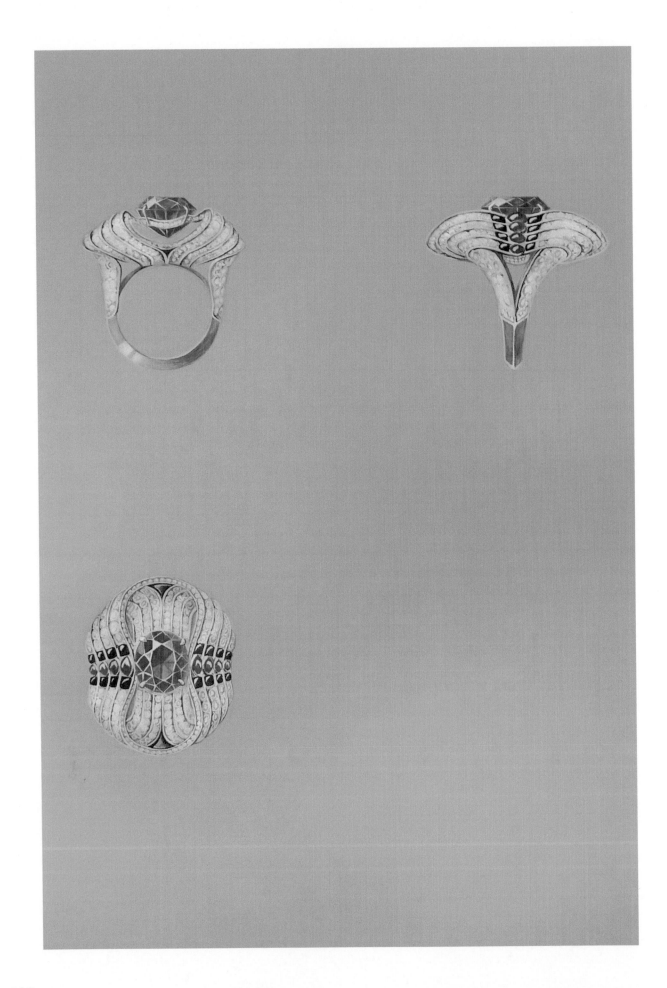

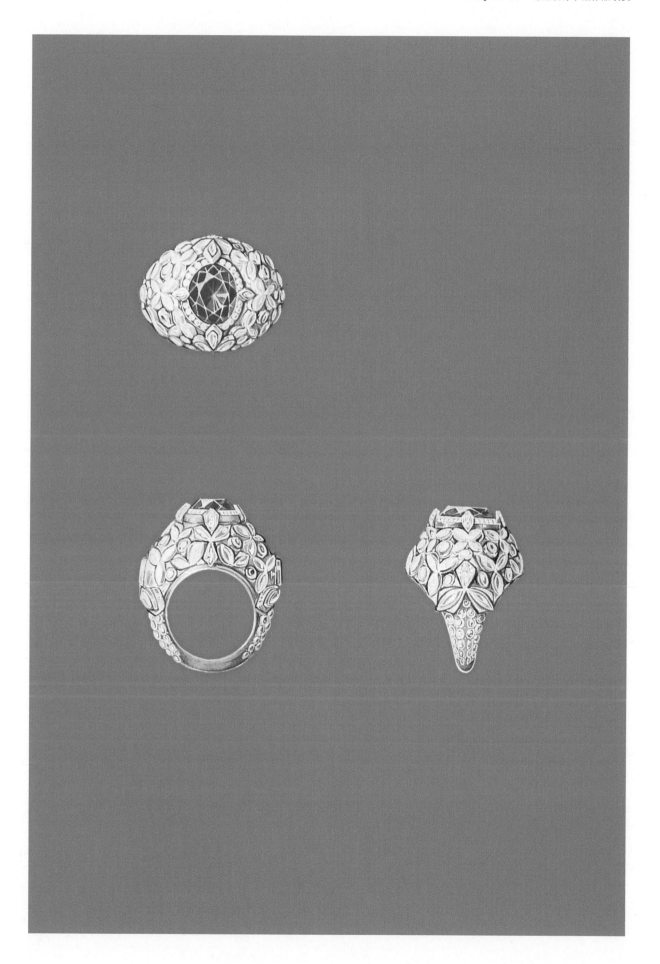

读者服务

读者在阅读本书的过程中如果遇到问题，可以关注"有艺"公众号，通过公众号与我们取得联系。此外，通过关注"有艺"公众号，您还可以获取更多的新书资讯、书单推荐、优惠活动等相关信息。

资源下载方法：关注"有艺"公众号，在"有艺学堂"的"资源下载"中获取下载链接，如果遇到无法下载的情况，可以通过以下三种方式与我们取得联系：

1. 关注"有艺"公众号，通过"读者反馈"功能提交相关信息；
2. 请发邮件至art@phei.com.cn，邮件标题命名方式：资源下载+书名；
3. 读者服务热线：（010）88254161~88254167转1897。

投稿、团购合作：请发邮件至art@phei.com.cn。

扫一扫关注"有艺"